高职高专"十二五"规划教材

工业电器及自动化

GONGYE DIANQI
JI ZIDONGHUA

李丽霞　主编　　汤光华　主审

U0376932

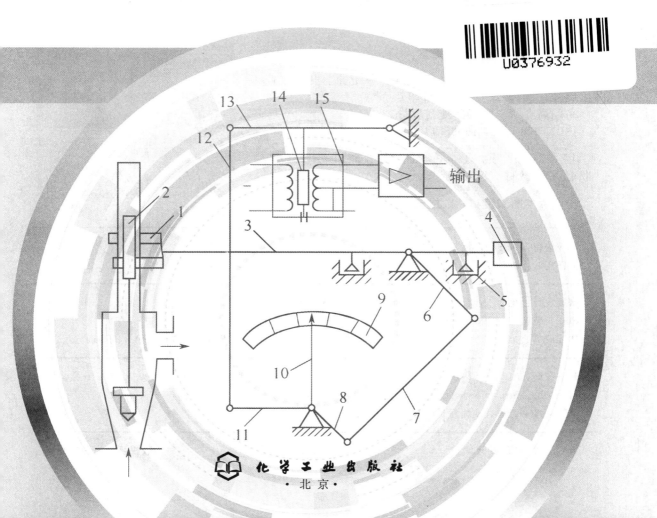

输出

化学工业出版社
·北京·

本书共分七个模块，内容包括电工基础、电子技术基础、常用电工仪表与安全用电、常用电机与电器、检测仪表及控制装置、过程控制系统、集散控制系统基础等。

本书可作为高职高专院校石油、化工、轻工、冶金、制药、机械等专业的教学用书，也可作为同类企业的员工培训教材，同时可供从事相关行业的电类、自动化类、仪器仪表类等自动化工程技术人员阅读参考。

图书在版编目（CIP）数据

工业电器及自动化/李丽霞主编. —北京：化学工业
出版社，2013.2（2023.8 重印）
高职高专"十二五"规划教材
ISBN 978-7-122-16095-9

Ⅰ. ①工…　Ⅱ. ①李…　Ⅲ. ①电器-自动化-高等
职业教育-教材　Ⅳ. ①TM5

中国版本图书馆 CIP 数据核字（2012）第 304305 号

责任编辑：张建茹　潘新文　　　　　　　　　文字编辑：云　雷
责任校对：蒋　宇　　　　　　　　　　　　　装帧设计：张　辉

出版发行：化学工业出版社（北京市东城区青年湖南街 13 号　邮政编码 100011）
印　　装：三河市双峰印刷装订有限公司
787mm×1092mm　1/16　印张 10¼　字数 248 千字　2023 年 8 月北京第 1 版第 8 次印刷

购书咨询：010-64518888　　　　　　　　　　售后服务：010-64518899
网　　址：http://www.cip.com.cn
凡购买本书，如有缺损质量问题，本社销售中心负责调换。

定　　价：48.00 元　　　　　　　　　　　　　　　版权所有　违者必究

前　言

　　本书是编者将多年的高职高专的教育教学经验和企业员工培训经验、积累和收集的资料整理，编写而成的。

　　本书在编写的过程中，立足高职高专教育人才培养目标，结合企业员工培训要求，依据"必需、够用"为度的职业教育理念，本着"精选内容，打好基础，培养能力"的精神，对"电工电子技术"和"化工仪表及自动化"两门课程进行整合。在知识的讲解上，力求用简练的语言，尽可能地减少理论推导及分析。全书集理论阐述、技能培训与应用能力培养为一体，采用模块式编写，方便理实一体化教学的实施，每个模块均配有考核内容与配分、思考题与习题练习，以帮助读者学习后自我评估。

　　全书共分七个模块，内容包括电工基础、电子技术基础、常用电工仪表与安全用电、常用电机与电器、检测仪表及控制装置、过程控制系统、集散控制系统基础及附录等。

　　本书可作为高职高专石油、化工、轻工、冶金、制药、机械等专业的教学用书，也可作为同类企业的员工培训教材，也可供从事相关行业的电类、自动化类、仪器仪表类等自动化工程技术人员阅读参考。参考学时为 50～70 学时。其中打 * 号的内容为选学内容。

　　本书由李丽霞主编，中盐株洲化工集团公司谭琳、湖南化工职业技术学院刘纪平、何涛参与编写工作。其中模块一中课题一和课题二、模块二、模块五由李丽霞编写，模块三、模块四由刘纪平编写，模块六、模块七由何涛编写，模块一中课题三由谭琳编写。全书由李丽霞统稿，汤光华主审。

　　本书在编写过程中，得到了中盐株洲化工集团公司、湖南智成化工有限公司、湖南海利化工股份有限公司等多家企业的专家及领导的支持，并提出了许多宝贵的意见，编者在此表示感谢。同时在编写过程中，参考和引用了大量的文献，对这些参考文献的作者和单位表示感谢。

　　由于作者水平有限，书中不妥之处在所难免，恳请读者批评指正。

编　者
2012 年 10 月

目　　录

模块一　电工基础

【学习目标】

通过本模块学习，了解电路的组成及其作用，理解电路的常见基本物理量的概念及计算，能看懂简单电路图，分析计算简单直流电路，了解电气设备额定值的意义；理解电容的概念，掌握电容器的充放电特性；理解磁场主要物理量，熟练掌握电流的磁效应分析以及磁场对电流作用力的计算，理解电磁感应现象及产生的条件，熟练掌握楞次定律和电磁感应定律，能分析自感和互感等磁场现象；理解正弦交流电基本物理量（三要素）的概念，熟练掌握正弦交流电的解析式表示法、波形图表示法；了解三相正弦交流电的概念及三相供电方式，掌握三相对称负载星形连接和三角形连接的三相电路中线电压与相电压、线电流与相电流之间的关系，熟练掌握对称三相电路的分析和计算。

【课题一】　　　　　　　　　直流电路

一、电路的基本概念

1. 电路

如图 1-1（a）所示，用开关和导线将干电池和小灯泡连接起来，只要合上开关，有电流流过，小灯泡就会亮起来。像这样电流流通的路径称为电路。在实际应用中，将电器件和电设备按照一定的方式连接在一起，形成各种电路。

分析电路时，往往是对电路模型进行分析计算，而不是实际电路，可将电路中的理想元件用常用的电气符号代替，使电路图得到简化，如图 1-1（a）中的电路用图 1-1（b）表示。常用理想元件及符号如表 1-1 所示。

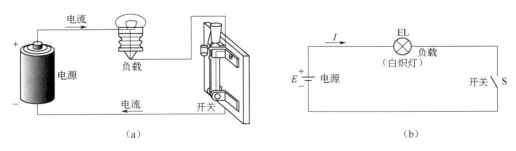

（a）　　　　　　　　　　　　　　　　（b）

图 1-1　照明电路

表 1-1　常用理想元件及符号

名　称	符　号	名　称	符　号
电阻	○—▭—○	电压表	○—Ⓥ—○
电池	○—⊢|—○	接地	⏚ 或 ⊥
电灯	○—⊗—○	熔断器	○—▭—○
开关	○—╱—○	电容	○—‖—○
电流表	○—Ⓐ—○	电感	○—〰〰—○

2. 电路组成

电路由电源、负载和中间环节（包括连接导线、控制保护设备）组成。

① 电源：为电路提供电能的设备和器件。是将非电能形态的能量转换成电能，例如，发电机、电池等。

② 负载：使用（消耗）电能的设备和器件，是将电能转换成其他形态能量。例如，电动机、照明灯等。

③ 连接导线：将电器设备和元器件按一定方式连接起来，传送信号、传输电能。

④ 控制保护设备：保证电路安全、可靠地工作（例如控制电路通、断的开关及保障安全用电的熔断器），而且使电路自动完成某些特定工作。

3. 电路的状态

① 通路（闭路）：电源与负载接通，电路中有电流通过，电气设备或元器件获得一定的电压和电功率，进行能量转换。

② 开路（断路）：电路中没有电流通过，又称为空载状态。

③ 短路：电源两端的导线直接相连接，输出电流过大，对电源来说属于严重过载，如没有保护措施，电源或电器会被烧毁或发生火灾，所以通常要在电路或电气设备中安装熔断器、保险丝等保险装置，以避免发生短路时出现不良后果。

二、电路的主要物理量

1. 电流

电路中电荷沿着导体的定向运动形成电流，其方向规定为正电荷流动的方向，其大小等于在单位时间内通过导体横截面的电量，称为电流强度（简称电流），用符号 I 表示。

在国际单位制中，电流的单位是 A（安培）。常用的电流单位还有 mA（毫安）、μA（微安）、千安（kA）等，它们与安培的换算关系为：$1\ mA = 10^{-3}A$，$1\ \mu A = 10^{-6}A$，$1\ kA = 10^{3}\ A$。

若电流的大小和方向都不随时间变化，称为稳恒电流，简称 DC（直流）。若电流的大小和方向都随时间而变化，称为交变电流，简称 AC（交流）。

在较为复杂的电路中往往难以确定电流的实际方向，可先假定电流的参考方向，然后根据电流的参考方向分析计算电路。若电流为正值，表示电流实际方向与参考方向一致；若电流为负，表示电流实际方向与参考方向相反。

2. 电压、电位和电动势

（1）电压　在金属导体中虽然有许多的自由电子，但只有在外加电场的作用下，这些自由电子才能作有规则的定向移动形成电流。电场力将单位正电荷从 a 点移到 b 点所做的功，称为 a、b 两点间的电压，用 U_{ab} 表示。

在国际单位制中，电压的单位为伏特，简称伏，用 V 表示。常用的电压单位还有 mV（毫伏）、kV（千伏）等，它们与伏的换算关系为：$1\ mV = 10^{-3}\ V$，$1\ kV = 10^3\ V$。

电压的方向为正电荷在电场中的受力方向，从高电位指向低电位，即电压降的方向。在较为复杂的电路中往往对电压的实际方向难以判断，可先假定电压的参考方向。当电压的实际方向与参考方向一致时，电压为正值；反之，为负值。

（2）电位　在电路中任选定一个参考点，则电路中某一点与参考点之间的电压即为该点的电位。电位用字母 V 表示，不同点的电位用字母 V 加下标表示。例如，V_A 表示 A 点的电位值。电位的单位也是 V（伏）。

各点电位已知后，就能求出任意两点（A、B）间的电压。电压就是两点之间的电位之差。

例如，$V_A = 5V$，$V_B = 3V$，那么 A、B 之间的电压为 $U_{AB} = V_A - V_B = （5-3）V = 2\ V$

电位、电压、电流的关系和水位、水压、水流的关系有相似之处。如水管中 A 处比 B 处水位高，则 A、B 之间形成了水压，水管中的水便由 A 处向 B 处流动；在电源外部通路中，A 处比 B 处电位高，则 A、B 之间形成了电位差即电压，电流便由 A 处向 B 处流动。

电位的值与参考点的选择有关，而电压与电位参考点的选择无关。

（3）电源电动势（电动势）　外力克服电场力把单位正电荷从负极移到正极所做的功称为电动势。电动势一般用符号 E 表示，单位为 V（伏）。

电动势的方向规定由电源负极指向电源正极。

3．电阻

（1）电阻的概念　导体对电流的阻碍作用称为电阻，用符号 R 表示。在国际单位制中，电阻的单位为欧姆，简称欧，用 Ω 表示。经常用的电阻单位还有 kΩ（千欧）、MΩ（兆欧），它们与 Ω 的换算关系为：$1 k\Omega = 10^3\Omega$，$1 M\Omega = 10^6\ \Omega$。

实际电路中，例如灯泡、电热炉等电器都可看成电阻，对电流呈现阻碍作用。电阻是耗能元件，将电能转化为光能、热能等其他形式的能。

（2）电阻定律　导体的电阻是导体本身的一种性质。它的大小决定于导体的材料、长度和横截面积，可按下式计算：

$$R = \rho \frac{l}{S}$$

式中　ρ——材料电阻率，国际单位制为 Ω·m（欧姆·米）；

　　　l——导线长度，国际单位制为 m（米）；

　　　S——导线横截面积，国际单位制为 m^2（平方米）。

【例 1-1】　直径为 1mm，长度为 1km 的铜线电阻是多少？

解　导线横截面积 $S = \pi \left(\dfrac{d}{2}\right)^2 = 3.14 \times \left(\dfrac{1 \times 10^{-3}}{2}\right)^2 = 7.85 \times 10^{-7}（m^2）$

已知铜的电阻率 $\rho = 1.7 \times 10^{-8}（\Omega \cdot m^2）$

则铜线电阻为 $R = \rho \dfrac{l}{S} = 1.7 \times 10^{-8} \times \dfrac{10^3}{7.85 \times 10^{-7}} = 21.7（\Omega）$

（3）电阻与温度的关系　电阻元件的电阻值大小通常与温度有关。一般来说，金属的电阻随温度升高而增大；电解液、半导体的电阻值随着温度的升高而减小；而有些合金如锰铜合金和镍铜合金的电阻几乎不受温度的影响，常常用来制作标准电阻。

利用某些材料对温度的敏感特性，可以制成热敏电阻。电阻值随温度升高而增大的热敏电阻称为正温度系数的热敏电阻，简称 PTC（Positive Temperature Coefficient）电阻，PTC 电阻可用于小范围的温度测量、过热保护和延时开关等。电阻值随温度升高而减小的热敏电阻称为负温度系数的热敏电阻，简称 NTC（Negative Temperature Coefficient）电阻，应用于温度测量和温度调节，或用来抑制小型电动机、电容器和白炽灯在通电瞬间所出现的大电流（冲击电流），还可以作为补偿电阻，对具有正温度系数特性的元件进行补偿。

（4）电阻参数的色环标注　两位及三位有效数字色环标记，如图 1-2 和图 1-3 所示。

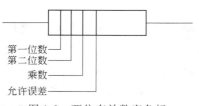
图 1-2　两位有效数字色标

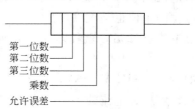
图 1-3　三位有效数字色标

色环表示的意义如表 1-2 所示。

表 1-2　色环表示的意义

颜　　色	有效数字	乘　　数	允许偏差/%	工作电压/V
银色		10^{-2}	±10	
金色		10^{-1}	±5	
黑色	0	10^{0}		4
棕色	1	10^{1}	±1	6.3
红色	2	10^{2}	±2	10
橙色	3	10^{3}		16
黄色	4	10^{4}		25
绿色	5	10^{5}	±0.5	32
蓝色	6	10^{6}	±0.25	40
紫色	7	10^{7}	±0.1	50
灰色	8	10^{8}		63
白色	9	10^{9}	+ 50，− 20	
无色			±20	

4. 电能与电功率

（1）电能　电能即电功，电场力所做的功就是电路所消耗的电能。在国际单位制中电能的单位为焦耳，简称焦，用 J 表示。在实际应用中常以 kW·h（千瓦时）（习惯上称度）作为电能的单位。1 kW·h 在数值上等于功率为 1kW 的用电器工作 1h 所消耗的电能。

$$1 \text{度} = 1 \text{ kW·h} = 1000 \text{ W} \times 3600 \text{ s} = 3.6 \times 10^{6} \text{W·s} = 3.6 \times 10^{6} \text{ J}$$

（2）电功率　用电设备单位时间里所消耗的电能叫做电功率 P。在国际单位制中电功率的单位为瓦特，简称瓦，用 W 表示。

纯电阻电路中 $P = UI = I^{2}R = \dfrac{U^{2}}{R}$

三、欧姆定律

1. 基本概念

① 内电路：电源本身的电流通路。如图 1-4 中左边虚框内电路。E 为电源的电动势，R_0 为电源的内部电阻。

② 外电路：电源以外的电流通路。R 为电源外部连接的电阻（负载），U 为外电路两端电压。

③ 全电路：内电路和外电路的总称。图 1-4 所示为全电路。

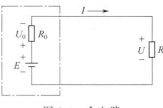

图 1-4 全电路

2. 欧姆定律

（1）部分电路欧姆定律　对于外电路，在电路电压一定的情况下，电路电阻越大，电路中电流就越小。

$$I = \frac{U}{R}$$

（2）全电路欧姆定律　可见电源内阻 R_0 越小，可以更多地向外电路提供电流（电能）。

$$I = \frac{E}{R_0 + R}$$

外电路两端电压 $U = RI = E - R_0 I = \dfrac{R}{R + R_0} E$，显然，负载电阻 R 值越大，其两端电压 U 也越大。当 $R \gg R_0$ 时，则 $U = E$；当 $R \ll R_0$ 时（相当于短路），则 $U = 0$，此时一般情况下的电流（$I = E/R_0$）很大，电源容易烧毁。

【例 1-2】　如图 1-4 所示，已知电源电动势为 24V，电源内阻为 $0.4\,\Omega$，负载电阻为 $11.6\,\Omega$，试求电路中的电流和负载端电压。

解　电路中的电流　$I = \dfrac{E}{R_0 + R} = \dfrac{24}{0.4 + 11.6} = 2$（A）

负载端电压　$U = RI = 2 \times 11.6 = 23.2$（V）

四、基尔霍夫定律

应用欧姆定律可以求解一般电路，但复杂电路的求解必须应用基尔霍夫定律（或其他求解复杂电路的定理）。

1. 基尔霍夫第一定律——电流定律（KCL）

① 支路：一段不分岔的电路。

② 节点：有三条或三条以上支路的连接点。

③ 基尔霍夫第一定律：任一瞬时电路在节点上电流的代数和为零，即　$\sum I = 0$

基尔霍夫第一定律也可描述为流入节点电流的代数和等于流出节点电流的代数和。

如图 1-5 电路中节点 A 的 KCL 方程为 $I_1 + I_2 - I_3 = 0$ 或 $I_1 + I_2 = I_3$。

④ 基尔霍夫电流定律可以推广应用于包围部分电路的任一假设的闭合面。

2. 基尔霍夫第二定律——电压定律（KVL）

① 回路：在电路中由支路组成的任一闭合路径。

② 基尔霍夫第二定律：任一瞬时沿回路绕行一周，所有电动势的代数和等于所有电压降的代数和，即

$$\sum E = \sum U$$

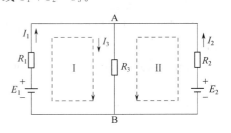

图 1-5 电路分析示意图

或　　　　　　　　　　　　　　　　$\sum E = \sum RI$

如图 1-5 电路中回路 Ⅱ 的 KVL 方程为 $E_2 = R_2 I_2 + R_3 I_3$。

③ 基尔霍夫电压定律可以推广应用于开路电路。

3. 分析电路的基本步骤

① 选择并标出电路中电流、电压参考方向；

② 根据欧姆定律、KCL、KVL 列出方程式，电路中有 n 个节点时，可以列出 $n-1$ 个 KCL 方程，有 m 个节点时，可以列出 m 个 KVL 方程；

③ 求解方程组，求出电路中各参数。

【例 1-3】　在图 1-5 所示电路中，已知 $R_1 = 5\Omega$，$R_2 = 10\Omega$，$R_3 = 15\Omega$，$E_1 = 180$ V，$E_2 = 80$ V，求各支路中的电流。

　　解　应用 KCL 对节点 A 列写电流方程　$I_1 + I_2 - I_3 = 0$

　　　　应用 KVL 对回路列写电压方程式　$E_1 = R_1 I_1 + R_3 I_3$

　　　　　　　　　　　　　　　　　　$E_2 = R_2 I_2 + R_3 I_3$

　　代入参数　　　　　　　　　　$I_1 + I_2 - I_3 = 0$

　　　　　　　　　　　　　$180 = 5 I_1 + 15 I_3$

　　　　　　　　　　　　　$80 = 10 I_2 + 15 I_3$

解联立方程可得　$I_1 = 12$A，$I_2 = -4$A，$I_3 = 8$A

求得结果中 I_1 和 I_3 为正值，说明电流的实际方向与参考方向一致；I_2 为负值，说明电流的实际方向与参考方向相反。

五、电气设备额定值

1. 额定值

电气设备在正常工作时对电流、电压和功率具有一定限额，电气设备安全工作时所允许的最大电流、最大电压和最大功率分别称为它们的额定电流、额定电压和额定功率。额定值是指导使用者正确使用电气设备的主要依据。

（1）额定值表示方法

① 利用铭牌标出（如电动机、电冰箱、电视机的铭牌）；

② 直接标在该产品上（如电灯泡、电阻）；

③ 从产品目录中查到（如半导体器件）。

（2）额定状态　应用中电气设备的实际值（电压、电流和功率等）等于额定值时的工作状态称为额定状态。提醒注意的是电气设备使用时的实际值并不一定等于该设备的额定值。

2. 过载与欠载

过载指实际值超过额定值，反之，欠载则指实际值低于额定值。

从应用的角度来说，额定值有着十分重要的意义，它说明了电气设备正常工作应受到的一些限制。超过额定值（过载）很容易烧坏电器，因此一般不允许出现，但远离额定值（欠载）也是不科学的。

【例 1-4】　标有 100Ω、4W 的电阻，如果将它接在 20 V 或 40 V 的电源上，能否正常工作？

　　解　① 在 20 V 电压作用下时

$$P = \frac{U^2}{R} = \frac{20^2}{100} = 4(\text{W})$$

该值等于额定功率，因此在 20V 的电源电压时可以正常工作。

② 在 40V 电压作用下时，同理可得

$$P = \frac{40^2}{100} = 16(\text{W})$$

16 W＞4 W，此时该电阻消耗的功率已经大大超过其额定值，这种过载情况极易烧毁电阻，使其不能正常工作。应更换阻值相同，额定功率大于或等于 16 W 的电阻。

【课题二】　　　　　　　　　　电容和磁场

一、电容和电容器

1. 电容器

两个彼此靠近又相互绝缘的导体，就构成了一个电容器。这对导体叫电容器的两个极板。在电路中的符号为 —||—。

电容器的种类很多，按其电容量是否可变，可分为固定电容器和可变电容器。固定电容器的电容量是固定不变的，它的性能和用途与两极板间的介质有关，一般常用的介质有云母、陶瓷、金属氧化膜、纸介质、铝电解质等；电容量在一定范围内可调的电容器叫可变电容。电解电容器是有正负极之分的，使用时不可将极性接反，否则会将电解电容器击穿。

电容器是储存和容纳电荷的装置，也是储存电场能量的装置。电容器每个极板上所储存的电荷的量叫电容器的电量。将电容器两极板分别接到电源的正负极上，使电容器两极板分别带上等量异号电荷，这个过程叫电容器的充电过程。用一根导线将电容器两极板相连，两极板上正负电荷中和，电容器失去电量，这个过程称为电容器的放电过程。

2. 电容

电容器所带电量与两极板间电压之比，称为电容器的电容量，简称电容，用符号 C 表示。

如图 1-6 所示，当电容器极板上所带的电量增加或减少时，两极板间的电压 U 也随之增加或减少，但 Q 与 U 的比值是一个恒量，不同的电容器，Q/U 的值不同。

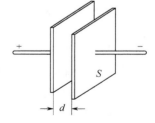

图 1-6　平行板电容器图

$$C = \frac{Q}{U}$$

电容反映了电容器储存电荷能力的大小，它只与电容本身的性质有关，与电容器所带的电量及电容器两极板间的电压无关。

国际单位制中电容的单位为法拉，简称法，用 F 表示，常用的单位为 μF（微法）、pF（皮法），它们的换算关系为：$1\ \text{F} = 10^6\ \mu\text{F} = 10^{12}\ \text{pF}$。

二、电流的磁场

1. 磁场

磁场是磁体周围存在的一种特殊物质，磁体通过磁场发生相互作用。

磁场的大小和方向可用磁感线来形象的描述：磁感线的疏密表示磁场的强弱，磁感线的切线方向表示磁场的方向。条形磁铁磁感线如图 1-7 所示。

磁感线有以下特点。

① 磁感线的切线方向表示磁场方向，其疏密程度表示磁场的强弱。

② 磁感线是闭合曲线，在磁体外部，磁感线由 N 极出来，绕到 S 极；在磁体内部，磁感线的方向由 S 极指向 N 极。

③ 任意两条磁感线不相交。

2. 电流的磁效应

通电导线周围存在着磁场，说明电可以产生磁，由电产生磁的现象称为电流的磁效应。

直线电流所产生的磁场方向可用安培定则来判定，方法是：用右手握住导线，让拇指指向电流方向，四指所指的方向就是磁感线的环绕方向。如图 1-8 所示。

环形电流的磁场方向也可用安培定则来判定，方法是：让右手弯曲的四指和环形电流方向一致，伸直的拇指所指的方向就是导线环中心轴线上的磁感线方向。如图 1-9 所示。

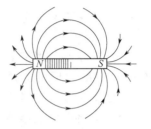
图 1-7　条形磁铁磁感线

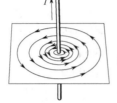
图 1-8　通电直导线的磁场方向

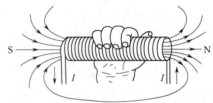
图 1-9　通电螺线管的磁场方向

3. 磁场对电流的作用力

磁场对放置于其中的直线电流有力的作用，这个力称为安培力。

安培力的大小与磁感应强度成正比，与导体中电流成正比，与导体在磁场中的有效长度成正比，还与导体与磁场方向的夹角有关，公式为 $F = BIl\sin\theta$。

安培力 F 的方向可用左手定则判定，方法是：伸出左手，使拇指跟其他四指垂直，并都跟手掌在一个平面内，让磁感线穿入手心，四指指向电流方向，大拇指所指的方向即为通电直导线在磁场中所受安培力的方向。如图 1-10 所示。

通电线圈放在磁场中将受到磁力矩的作用。一矩形线圈 abcd 放在匀强磁场中，如图 1-11 所示，线圈的顶边 ad 和底边 bc 所受的磁场力 F_{ad}、F_{bc} 大小相等，方向相反，在一条直线上，彼此平衡；而作用在线圈两个侧边 ab 和 cd 上的磁场力 F_{ab}、F_{cd} 虽然大小相等，方向相反，但不在一条直线上，产生了力矩，称为磁力矩。这个力矩使线圈绕 OO' 转动，转动过程中，随着线圈平面与磁感线之间夹角的改变，力臂在改变，磁力矩也在改变。当线圈平面

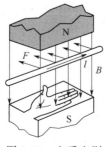
图 1-10　左手定则

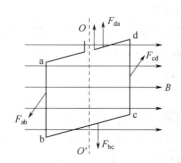
图 1-11　磁场对通电矩形线圈的作用

与磁感线平行时，力臂最大，线圈受磁力矩最大；当线圈平面与磁感线垂直时，力臂为零，线圈受磁力矩也为零。万用表就是根据上述原理工作的。

三、铁磁材料

本来不具备磁性的物质，由于受磁场的作用而具有了磁性的现象称为该物质被磁化。只有铁磁性物质才能被磁化。

铁磁性物质是由许多被称为磁畴的磁性小区域组成的，每一个磁畴相当于一个小磁铁。如图 1-12（a）所示，当无外磁场作用时，磁畴排列杂乱无章，磁性相互抵消，对外不显磁性；如图 1-12（b）所示，当有外磁场作用时，磁畴将沿着磁场方向作取向排列，形成附加磁场，使磁场显著加强。不同的铁磁性物质，磁化后的磁性不同。有些铁磁性物质在撤去磁场后，磁畴的一部分或大部分仍然保持取向一致，对外仍显磁性，即成为永久磁铁。

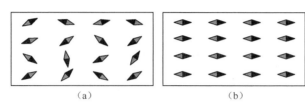

（a）　　　　　　　　　　　　　　（b）

图 1-12　铁磁性物质的磁化

铁磁性物质被磁化的性能，被广泛地应用于电子和电气设备中，如变压器、继电器、电机等。

四、电磁感应

在一定条件下，由磁产生电的现象，称为电磁感应现象，产生的电流叫感应电流。

如图 1-13 所示，当将磁铁插入或拔出线圈时，穿过线圈中的磁通发生了变化，回路中就有感应电动势和感应电流产生。

1. 法拉第电磁感应定律

感应电动势的大小与穿过线圈磁通的变化率成正比。

2. 楞次定律

感应电流所产生的磁场方向，总是阻碍原磁通的变化。当原磁通增加时，感应磁通与原磁通方向相反，以阻碍原磁通的增加；当原磁通减小时，感应磁通与原磁通方向相同，以阻碍原磁通的减小，这种现象称为楞次定律。

根据楞次定律判断出感应电流磁通方向，然后根据右手螺旋定则，右手握住线圈，大拇指指向感应磁通的方向，则四指指向的就是感应电流的方向。

3. 自感现象

当线圈中的电流变化时，线圈本身就产生了感应电动势，这个电动势总是阻碍线圈中电流的变化。这种由于线圈本身电流发生变化而产生电磁感应的现象叫自感现象，简称自感。

自感现象在各种电器设备和无线电技术中有着广泛的应用。日光灯的镇流器就是利用线圈自感的一个例子。

4. 互感现象

由于一个线圈的电流变化，导致另一个线圈产生感应电动势的现象，称为互感现象。如图 1-14 所示。利用互感可以将能量或信号从一个线圈传递到另一个线圈，可以制成常见的变压器。

图 1-13　电磁感应

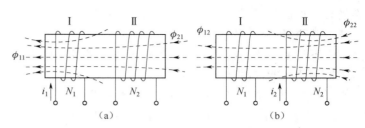

图 1-14　互感现象

【课题三】 交流电路

一、正弦交流电

1. 正弦交流电的基本概念

生产和生活中使用的电能，几乎都是交流电能，即使是电解、电镀、电讯等行业需要直流供电，大多数也是将交流电能通过整流装置变成直流电能。在日常生产和生活中所用的交流电，一般都是指正弦交流电。

大小及方向均随时间按正弦规律做周期性变化的交流电叫正弦交流电。如图 1-15 所示。

正弦交流电的优点如下。

① 发电设备性能好、效率高，生产交流电的成本低。

② 可用变压器变换电压，利于通过高压输电实现电能大范围集中、统一输送与控制。

③ 使用三相交流电的三相异步电动机结构简单、价格低、使用维护方便。

2. 正弦交流电的基本物理量

（1）周期、频率和角频率

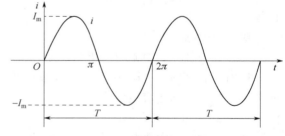

图 1-15　正弦交流电的波形

① 周期：交流电变化一个循环所需要的时间，用 T 表示，单位为 s（秒）。如图 1-15 所示。

② 频率：交流电在单位时间内（每秒钟）完成的周期数，用 f 表示，单位是 Hz（赫兹）。它表示正弦交流电流在单位时间内作周期性循环变化的次数，即表征交流电交替变化的速率（快慢）。频率和周期互为倒数，即 $f = \dfrac{1}{T}$

③ 角频率：单位时间内变化的角度（以弧度为单位），用 ω 表示，单位是 rad/s（弧度/秒）。角频率与频率 f 之间的关系为 $\omega = 2\pi f$

【例 1-5】　中国供电电源的频率为 50 Hz，称为工业标准频率，简称工频，其周期为多少？角频率为多少？

解　$T = \dfrac{1}{f} = \dfrac{1}{50} = 0.02$（s）

$$\omega = 2\pi f = 2 \times 3.14 \times 50 = 314(\text{rad/s})$$

即工频 50Hz 的交流电，每 0.02s 变化一个循环，每秒钟变化 50 个循环。

（2）瞬时值、最大值和有效值

① 瞬时值：交流电每一瞬时所对应的值。i、u、e 分别表示电流、电压、电动势的瞬时值。

② 最大值：交流电在一个周期内数值最大的值。I_m、U_m、E_m 分别表示电流、电压、电动势的最大值。

③ 有效值：规定用来计量交流电大小的物理量。如果交流电通过一个电阻时，在一个周期内产生的热量与某直流电通过同一电阻在同样长的时间内产生的热量相等，就将这一直流电的数值定义为交流电的有效值。I、U、E 分别表示电流、电压、电动势的有效值。

正弦交流电的有效值和最大值之间的关系为

$$I = \frac{I_m}{\sqrt{2}} = 0.707 I_m$$

$$U = \frac{U_m}{\sqrt{2}} = 0.707 U_m$$

$$E = \frac{E_m}{\sqrt{2}} = 0.707 E_m$$

一般情况下，人们所说的交流电流和交流电压的大小以及测量仪表所指示的电流和电压值都是指有效值。

【例 1-6】　中国生活用电是 220V 交流电，其最大值为多少？

解　$U_m = \sqrt{2}\, U = \sqrt{2} \times 220\text{V} = 311$（V）

（3）相位、初相角和相位差

① 相位：正弦交流电流在每一时刻都是变化的，（$\omega t + \varphi_0$）是该正弦交流电流在 t 时刻所对应的角度。

② 初相角：$t = 0$ 所对应的角度 φ_0。

③ 相位差：两个同频正弦交流电的相位之差。

$$\varphi = (\omega t + \varphi_{01}) - (\omega t + \varphi_{02}) = \varphi_{01} - \varphi_{02}$$

若 $0 < \varphi < \pi$ 时，波形如图 1-16（a）所示，i_1 总比 i_2 先经过对应的最大值和零值，这时就称 i_1 超前 i_2 φ 角（或称 i_2 滞后 i_1 φ 角）。

若 $-\pi < \varphi < 0$ 时，波形如图 1-16（b）所示，称为 i_1 滞后于 i_2（或称 i_2 超前 i_1）。

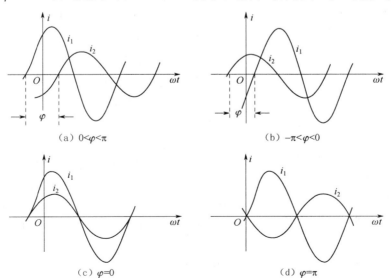

图 1-16　正弦交流电的相位差

若 $\varphi=0$ 时，波形如图 1-16（c）所示，称为 i_1 与 i_2 相位相同，简称同相。

若 $\varphi=\pi$ 时，波形如图 1-16（d）所示，称为 i_1 与 i_2 相位相反，简称反相。

最大值、角频率、初相这三个参数合在一起叫做正弦交流电的三要素。

3. 正弦交流电的表示法

对于某一确定的正弦交流电，可以用多种形式表示，但必须准确描述正弦交流电最大值、角频率和初相这三个要素。

（1）波形图表示法　波形图表示正弦交流电：如图 1-17 所示。

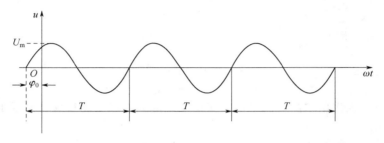

图 1-17　正弦交流电的波形表示法

图中直观地表达出被表示的正弦交流电压的最大值 U_m，初相 φ_0 和角频率 ω（$\omega=2\pi/T$）。

（2）解析式表示法　用解析式表示正弦交流电压为 $u(t)=U_m\sin(\omega t+\varphi_0)$。

式中，$\omega t+\varphi_0$ 为该正弦交流电压的相位（ω 为角频率，φ_0 为初相角）；U_m 为最大值。

同样，正弦交流电流　$i(t)=I_m\sin(\omega t+\varphi_0)$

正弦交流电动势　$e(t)=E_m\sin(\omega t+\varphi_0)$

如某正弦交流电流的最大值是 2A，频率为 100Hz，设初相位为 60°，则该电流的瞬时表达式为 $i(t)=I_m\sin(\omega t+\varphi_0)=2\sin(2\pi ft+60°)=2\sin(628t+60°)$ A

二、三相正弦交流电路

1. 三相交流电源

三个幅值相等、频率相同、相位互差 $\frac{2}{3}\pi$（120°）的单相交流电源按规定的方式组合而成的电源称三相交流电源。

供电线路中，三相电源通常采用星形连接（也称为 Y 形连接），连接方式如图 1-18 所示。

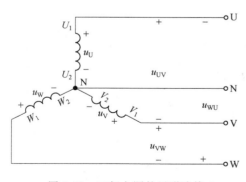

图 1-18　三相电源的星形连接

三个绕组的始端引出的导线称相线（火线），分别用字母 U_1、V_1、W_1 表示。三个绕组的末端 U_2、V_2、W_2 连接在一起的节点 N 称中性点，实际应用中常将该点接地，所以也称为零点。从中性点引出的导线称中性线，也称零线、地线。电源对外有四根引出线，这种供电方式称为三相四线制，如果只将三相绕组按星形连接而并不引出中性线的供电方式称三相三线制。

每相绕组始端和末端之间的电压称为相电压，用 u_U、u_V、u_W 表示，任意两根相线之间的电压称为线电压，用 u_{UV}、u_{VW}、u_{WU} 表示，线电压有效值等于相电压的 $\sqrt{3}$ 倍。三相四线制供电系统，已知相电压为 220V，则线电压为 $\sqrt{3}\times220V$，即 380V。

2. 三相交流负载

由三相电源供电的负载称三相负载。如果它们的每一相阻抗是完全相同的称三相对称负载，例如三相交流电动机；如果它们的每一相阻抗是不相等的则称为三相不对称负载，例如家用电器和电灯。

（1）三相负载星形连接　三相负载星形连接接线图如图 1-19 所示。

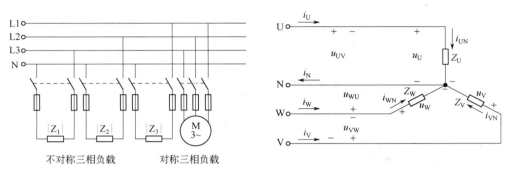

图 1-19　三相负载星形连接

当负载作星形连接时，线电流等于相电流，即

$$i_U=i_{UN},\ i_V=i_{VN},\ i_W=i_{WN}$$

对于三相对称负载，在对称三相电源作用下，三相对称负载的中性线电流等于零。对称负载下中性线可以省去不用，电路变成三相三线制星形连接。

一般的生活照明线路，此时的负载为三相不对称负载的星形连接，所以其中性线电流不为零，那么中性线也就不能省去，否则会造成负载无法正常工作。

（2）对称负载的三角形连接　图 1-20（a）、（b）为对称负载三角形连接图和电路图。

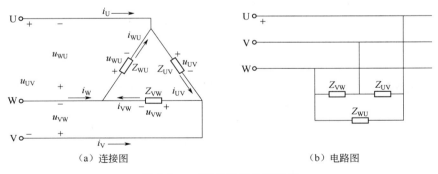

（a）连接图　　　　　　　　　　（b）电路图

图 1-20　三相负载三角形连接

每相负载两端得到的都是电源线电压，而各相负载中流经的相电流 i_{UV}、i_{VW}、i_{WU} 与对应的线电流 i_U、i_V、i_W 是不相等的。

三相负载的相电流互差120°，所得到的三个线电流也是对称的，并且在数值上线电流是相电流的$\sqrt{3}$倍。

【考核内容与配分】

单　元	考 核 内 容	考 核 权 重
【课题一】 直流电路	电路的组成及作用，常见基本物理量的概念及计算，简单电路图识图，简单直流电路分析，电气设备额定值的分析及计算	30%
【课题二】 电容和磁场	电容的概念及特性，电流的磁效应分析，磁场对电流作用力的计算，电磁感应现象及产生的条件，楞次定律和电磁感应定律分析，自感和互感现象	35%
【课题三】 交流电路	正弦交流电基本物理量的概念及计算，三相正弦交流电的概念，三相供电方式，三相负载的连接，对称三相电路的分析和计算	35%

【思考题与习题】

1-1. 一段导线两端电压是 8V，导线中的电流是 2A，如果导线两端电压增大到 16V，导线中的电流是多少？

1-2. 由电动势为 110V，内阻为 0.5Ω 的电源给负载供电，负载电流为 10A。求通路时电源的输出电压，若负载短路，求短路电流和电源输出的电压。

1-3. 有一 220V、40W 的白炽灯接在 220V 的供电线上，求取用电流为多少？平均每天使用 2.5h，电价为每度电 0.55 元。求一个月以 30 天计应付出的电费。

1-4. 某正弦电压的最大值为 310V，初相角为 30°，频率为 50Hz。求：
　　① 此电压的周期、有效值和角频率分别是多少？
　　② 写出电压瞬时值表达式，并画出波形图。

1-5. 根据下图中磁场方向或电流方向标明电源的正负极或磁极极性。

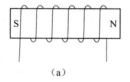
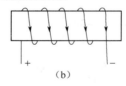

（a）　　　　　　　　　　　　（b）

1-6. 在下图中，在线圈 A 通电瞬间、电流增强、电流减弱及断电瞬间四种情况下，线圈 B 中能否产生感应电流？方向怎样？

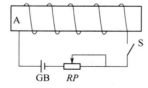
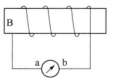

1-7. 什么是自感现象？什么是互感现象？

1-8. 在三相四线制供电的线路中，为何不能在中线上安装熔断器或开关？

模块二　电子技术基础（＊）

【学习目标】

　　通过本模块学习，熟悉常用的半导体器件二极管和三极管的外形、结构、符号与类型，掌握二极管和三极管的基本特性与几种工作状态，理解二极管和三极管的主要参数；掌握直流稳压电源的组成，能对简单的整流、滤波和稳压电路分析计算；掌握共射极基本放大电路的组成及工作原理，了解多级放大电路的基本耦合形式及特点，熟悉集成运算放大电路的特点及简单运算电路的使用。

【课题一】　　　　　常用半导体器件

　　半导体是导电能力介于导体和绝缘体之间的一种物体，目前常用的半导体材料是硅和锗。半导体的导电能力会随温度、光照及所掺杂质不同而显著变化，特别是掺杂可以改变半导体的导电能力和导电类型，用半导体材料可以制成各种器件。

一、半导体二极管

1. 二极管的外形、结构与符号

　　二极管是最基本的半导体器件。从二极管的 P 型半导体一侧引出一根导线被称为正极（阳极），从二极管的 N 型半导体一侧引出一根导线被称为负极（阴极）。

　　二极管的外形、内部结构示意图和符号如图 2-1 所示。

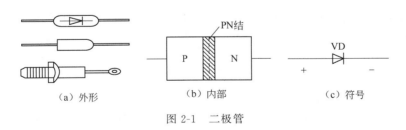

|　(a) 外形　|　(b) 内部　|　(c) 符号　|

图 2-1　二极管

　　二极管的符号形象地表示了二极管电流流动的方向，即一般二极管的电流从正极流向负极，也就是符号中三角形的方向。

2. 二极管的特性

　　二极管的主要特性是单向导电性。图 2-2 为二极管的伏安特性曲线。

（1）正向特性

　　① 死区　二极管正向电压很低时，正向电流也很小，二极管呈现很大的正向电阻，这一区域叫做二极管的死区。对应的电压称为二极管的死区电压或阈值电压（通常硅管约为

0.5V，锗管约为0.2V）。

② 正向导通区　二极管正向电压大于死区电压后，随着正向电压的增加电路中电流迅速增加，这一区域称二极管的正向导通区。导通后随着二极管电流增大，二极管两端电压维持在某一范围之间不再增加（硅管约为0.6～0.7V，锗管约为0.2～0.3V）。

（2）反向特性

① 反向截止区　当二极管加反向电压时，反向电流非常小，几乎为零，这一区域称二极管的反向截止区。

② 反向击穿区　当反向电压增加到"反向击穿电压"时，反向电流急剧增加，这一区域称为反向击穿区。通常二极管应当尽量避免工作在反向击穿区，因此时电流非常大二极管容易损坏，但击穿后其电压稳定，故稳压二极管工作在反向击穿区。

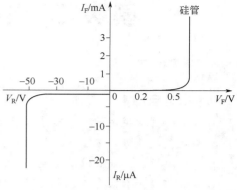

图2-2　二极管伏安特性曲线

综上所述，二极管具有在正向电压导通，反向电压截止的特性，这个特性称为单向导电性。

二极管的"导通"与"截止"，可以用理想开关的"闭合"与"断开"来模拟，二极管正向导通时，相当于开关闭合；二极管反向截止时，相当于开关断开。

3. 二极管的类型

二极管按所用半导体材料可分为硅二极管和锗二极管；按内部结构可分为点接触型和面接触型二极管；按用途分类可分为普通二极管、稳压二极管、发光二极管、变容二极管等，通常所说的二极管是指普通二极管。

4. 二极管的主要参数

二极管的参数是选择和使用二极管的依据。主要参数有：

① 最大整流电流 I_{FM}　指二极管长期工作时，允许通过二极管的最大正向电流的平均值。

② 最高反向工作电压 U_{RM}　指保证二极管不被击穿所允许施加的最大反向电压。

③ 反向电流 I_R　指二极管加反向电压而未击穿时的反向电流，如果该值较大，是不能正常使用的。

二、半导体三极管

1. 三极管的外形、结构和符号

三极管有三个电极，分别是发射极（E）、基极（B）和集电极（C）；有三个区，分别是发射区、基极区和集电区；有两个PN结，发射极和基极之间的区域称发射结，集电极和基极之间的区域称集电结。三极管有NPN型和PNP型两种类型。

三极管的外形、内部结构示意图和符号如图2-3所示。

NPN型和PNP型三极管的符号形象地指出了管极内的电流流动方向，如NPN型发射极电极符号箭头向外，即指发射极电流的流动方向是由管内流向管外，而基极电流和集电极电流是流入管内的；PNP型三极管的情况正好相反，发射极电极符号箭头向内，指电流由发射极流入，由集电极和基极流出。

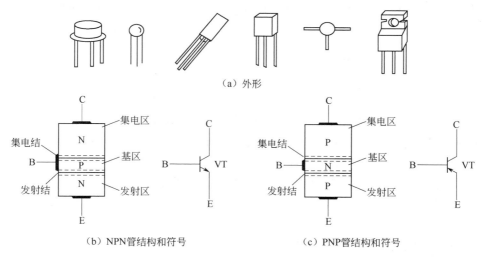

（a）外形

（b）NPN管结构和符号   （c）PNP管结构和符号

图 2-3 三极管

2. 三极管的特性

（1）三极管的电流分配关系 如图 2-4 所示实验电路中，三极管发射极作为公共端接地，并选取 $E_2 >$ E_1。发射结正向偏置（即基极电位高于发射极电位），集电结反向偏置（即集电极电位高于基极电位）。调节 RP 以改变基极电流 I_B 的大小，记录每一次测得的电流 I_B、I_C 和 I_E，得到下列数据。

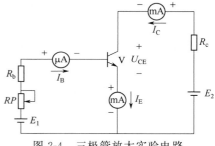

图 2-4 三极管放大实验电路

次数 电流	1	2	3	4	5
I_B/mA	0	0.01	0.02	0.03	0.04
I_C/mA	0.01	0.56	1.14	1.74	2.33
I_E/mA	0.01	0.57	1.16	1.77	2.37

由实验数据可知：$I_E = I_C + I_B$

由于 $I_B \ll I_C$，故 $I_E \approx I_C$

（2）电流放大作用 由实验数据可知：

$$\frac{\Delta I_C}{\Delta I_B} = \frac{1.14 - 0.56}{0.02 - 0.01} = 58$$

可见，基极电流的微小变化可引起集电极电流的较大变化，即为晶体管的电流放大作用。

① 集电极电流的变化 ΔI_C 与基极电流的变化 ΔI_B 的比值接近于常数，用 β 表示，β 称为三极管的交流放大系数。

$$\beta = \frac{\Delta I_C}{\Delta I_B}$$

不同的晶体管，β 值不同，即电流的放大能力不同，一般为 20～200。

② I_C 和 I_B 的比值基本为一常数，称为晶体管的直流电流放大系数，用字母 $\bar{\beta}$ 表示。

$$\bar{\beta} = \frac{I_C}{I_B}$$

通常 $\beta \approx \bar{\beta}$。

就其本质而言，三极管的"放大"是一种控制，是以较小的电流 I_B 控制较大的电流 I_C。

（3）三极管的输入特性　三极管的输入特性是指在输出电压 U_{CE} 恒定的条件下，基极电流 I_B 与输入电压 U_{BE} 之间的关系。三极管的输入特性可用如图 2-5 所示的输入特性曲线来表示。

三极管的输入特性曲线与二极管的正向特性相似，即开始有一段死区，三极管不导通，基极电流为零，当 U_{BE} 大于发射结死区电压时，三极管开始导通。导通后发射结电压 U_{BE} 变化不大，硅管约为 $0.7V$，锗管约为 $0.3V$。

（4）三极管的输出特性　三极管的输出特性是指在基极电流 I_B 恒定的条件下，集电极电流 I_C 和输出电压 U_{CE} 之间的关系。三极管的输出特性可用如图 2-6 所示的输出特性曲线来表示。输出特性曲线中，将三极管的工作状态分成放大、饱和、截止三种状态。

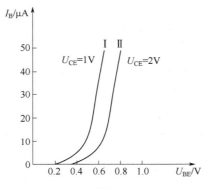

图 2-5　三极管输入特性曲线

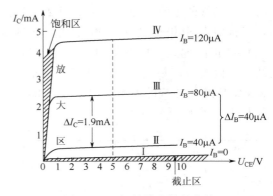

图 2-6　三极管输出特性曲线

① 放大状态　当三极管发射结正向偏置、集电结反向偏置时工作在放大状态。此时，集电极电流 I_C 几乎不随输出电压 U_{CE} 的变化而变化，主要决定于基极电流 I_B。

② 饱和状态　当三极管发射结和集电结均正向偏置时工作在饱和状态。此时集电极电流 I_C 随输出电压 U_{CE} 的增加而增加很快，基极电流 I_B 失去对集电极电流 I_C 的控制作用。

③ 截止状态　当三极管发射结反向偏置时工作在截止状态。此时三极管各极电流（I_B、I_C 和 I_E）都极小近似为零。

三极管的"饱和"与"截止"，也可以用理想开关的"闭合"与"断开"来模拟，三极管饱和时，相当于开关闭合；三极管截止时，相当于开关断开。

3. 三极管的类型

三极管按所用半导体材料可分为硅管和锗管；按结构分为 NPN 型和 PNP 型；按功率分为小功率管、中功率管和大功率管；按工作频率可分为低频管和高频管。

4. 三极管的主要参数

① 电流放大系数（β）是表征三极管电流放大能力的参数。

② 集电极最大允许电流（I_{cm}）是指当三极管集电极电流超过 I_{cm} 时，三极管的参数将会明显变化。

③ 集电极最大允许耗散功率（P_{cm}）是指为了限制集电结温升不超过允许值而规定的最大值，该值除了与集电极电流有关外，还与集电极和发射极之间的电压有关。

④ 集电极、发射极之间反向击穿电压（$U_{(BR)CEO}$）是指三极管基极开路时，集电极和发射极之间能够承受的最大电压。

【课题二】 直流稳压电源

大多数电子设备都需要稳定的直流电源供电，但市电电网供给的是交流电，这样就存在一个怎样将交流电变换为稳定的直流电的问题。本课题讨论小功率的直流稳压电源，它一般由电源变压器、整流电路、滤波电路和稳压电路组成，如图 2-7 所示。

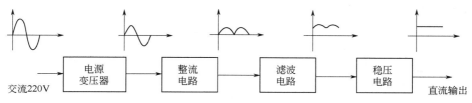

图 2-7 直流稳压电源的组成

电源变压器的作用是将 220V 的电网电压变换成所需的交流电压值。

整流电路的作用是利用二极管的单向导电性，将交流电变换成单向脉动直流电。

滤波电路的作用是利用电容、电感的储能特性，将脉动直流电中的脉动成分滤除，从而得到比较平滑的直流电。

稳压电路的作用是使直流电源的输出电压稳定，减小由于电网电压变化或负载变化对输出电压的影响。

一、整流电路

将交流电变换成直流电的过程称整流，完成这一变换的电路称为整流电路。在小功率整流电路中，采用的单相整流电路，常见的有半波整流、全波整流、桥式整流和倍压整流。此处只介绍目前广泛使用的桥式整流电路。

单相桥式整流电路如图 2-8（a）所示，四只二极管接成电桥形式。

1. 工作原理

① 输入电压为正半周时，A 点电位最高，B 点电位最低。VD₁ 和 VD₃ 正向偏置导通，

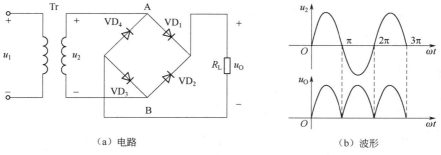

（a）电路　　　　　　　　　　　　　（b）波形

图 2-8 单相桥式整流电路及整流波形

VD_2 和 VD_4 反向偏置截止。电流通路为：$A \to VD_1 \to R_L \to VD_3 \to B$。

② 输入电压为负半周时，B 点电位最高，A 点电位最低。VD_2 和 VD_4 正向偏置导通，VD_1 和 VD_3 反向偏置截止。电流通路为：$B \to VD_2 \to R_L \to VD_4 \to A$。

无论输入电压是正半周还是负半周，通过负载 R_L 的电流方向始终是从上向下的，即负载上得到直流电。输入输出波形如图 2-8（b）所示。

2. 电压电流计算

① 输出电压

$$U_o = \frac{2\sqrt{2}}{\pi} U_2 = 0.9 U_2$$

② 负载 R_L 的电流

$$I_o = \frac{U_o}{R_L}$$

③ 二极管的平均电流

$$I_D = \frac{1}{2} I_o$$

④ 承受反向电压最大值

$$U_{RM} = \sqrt{2} U_2$$

【例 2-1】 某电气设备采用桥式整流电路整流，工作电压为 6 V，电流为 25 mA，试求整流二极管参数和变压器一次二次线圈匝数比。

解 由所需的电压和电流，可计算出负载电阻为

$$R_L = \frac{U_o}{I_o} = \frac{6}{0.025} = 240(\Omega)$$

变压器二次绕组电压为

$$U_2 = \frac{U_o}{0.9} = \frac{6}{0.9} = 6.67(V)$$

二极管平均电流为

$$I_D = \frac{1}{2} I_o = \frac{1}{2} \times 0.025 = 0.0125 = 12.5(mA)$$

二极管承受反向电压最大值为

$$U_{RM} = \sqrt{2} U_2 = \sqrt{2} \times 6.67 = 9.4(V)$$

可选用反向耐压 25V，正向电流 0.1A 以上的整流二极管。

变压器的一次、二次线圈匝数比为

$$n = \frac{N_1}{N_2} = \frac{U_1}{U_2} = \frac{220}{6.7} = 33$$

二、滤波电路

滤波电路的作用是将整流电路输出的脉冲直流电变换为平滑的直流电。滤波元件有电容和电感，它们都是储能元件。电容滤波电路是最常见的滤波电路。

电容滤波电路如图 2-9（a）所示。整流电路输出端并联电容，整流输出的电压在向负载供电的同时，也给电容器充电。当充电电压达到最大值 $\sqrt{2} U_2$ 后，u_2 开始下降，电容器开始

向负载电阻放电。如果滤波电容足够大，而负载的电阻值又不太小的情况下，不但使输出电压的波形变得平滑，而且输出电压 U_o 的平均值增大。

只要选择合适的电容器容量 C 和负载电阻 R_L 的阻值就可得到良好的滤波效果。图 2-9（b）中曲线 3、2、1 是对应不同容量滤波电容的曲线。在曲线 2 时，负载两端电压平均值估算 $U_o = 1.2U_2$。

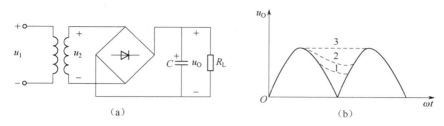

图 2-9　桥式整流电容滤波电路

三、稳压电路

稳压电路是利用调整元件（稳压二极管或晶体管）调节整流滤波输出的直流电压，使其在电网电压波动或负载变化时输出的直流电压稳定。

稳压电路按电压调整元件与负载连接方式的不同分为并联型稳压电路（调整元件与负载并联）和串联型稳压电路（调整元件与负载串联）两种类型。

1. 稳压二极管

稳压二极管是一种特殊的二极管，它工作在反向击穿状态，具有稳定电压的作用。稳压二极管符号以及电流、电压关系特性曲线如图 2-10 所示。

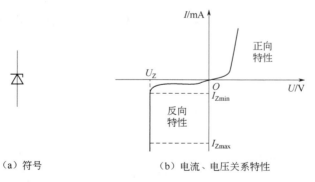

（a）符号　　　　　　　（b）电流、电压关系特性

图 2-10　稳压二极管

稳压二极管工作范围是在 $I_{Zmin} \sim I_{Zmax}$ 之间。电流小于 I_{Zmin} 时，稳压管不工作在特性陡峭部分，无法稳压。电流大于 I_{Zmax} 时，稳压管会因过热而烧毁。

2. 并联型稳压电路

并联型稳压电路，如图 2-11 所示。其输出电压 U_O、稳定电压 U_Z 和输入电压 U_I 关系为

$$U_O = U_I - RI = U_I - R(I_O + I_Z)$$

电路中引起输出电压不稳定的主要原因是交流电源电压的波动和负载的变化，而稳压电路可以将这种变化引起的电压变化削弱，例如当电源电压升高时，电路中的各信号会发生如

下变化：$U_O\uparrow \rightarrow I_Z\uparrow \rightarrow I\uparrow \rightarrow RI\uparrow \rightarrow U_O\downarrow$，即电路将电源电压升高引起的输出电压升高给削弱了，使输出电压被稳定。

3. 串联型稳压电路

串联型稳压电路，如图 2-12 所示。稳压过程为

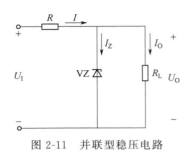

图 2-11　并联型稳压电路　　　　　图 2-12　串联型稳压电源

$$U_O\downarrow \rightarrow U_E\downarrow \xrightarrow{U_B\text{为恒量}} U_{BE}\uparrow (=U_B - U_E\downarrow) \rightarrow I_B\uparrow \rightarrow I_C\uparrow \rightarrow R_L I_C\uparrow \rightarrow U_O\uparrow$$

4. 集成稳压器

集成稳压器是将串联型稳压电路的元件集成制作在一个芯片。集成稳压器种类有多端式和三端式，输出电压有固定式和可调式，正压、负压输出稳压器等。常用的三端固定式集成稳压器有三个管脚，分别是输入端、输出端和公共端，因此称为三端式稳压器。CW7800 系列是三端固定正电压输出的集成稳压器，CW7900 系列是三端固定负电压输出的集成稳压器。例如 CW7805 表示输出稳定电压为 +5V，CW7905 表示输出稳定电压为 −5V。

三端固定式集成稳压器外形如图 2-13 所示。端子 1 为不稳定电压输入端，端子 2 为稳定电压输出端，端子 3 为公共端。三端固定式集成稳压器构成稳压电路如图 2-14 所示。

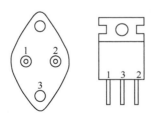

图 2-13　三端固定式集成稳压器外形

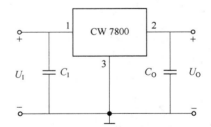

图 2-14　三端固定式集成稳压器构成稳压电路

【课题三】　　　　　　　　放大电路

一、共射极基本放大电路

三极管的放大作用只有在构成放大电路以后才有实际意义。共射极基本放大电路是应用普遍、较简单的一种放大电路。

1. 共射极基本放大电路的结构

共射极基本放大电路，如图 2-15 所示。被放大的交流电压信号 u_i 从三极管的基极和发射极输入，放大后的电压 u_o 则从集电极和发射极输出，三极管的发射极是输入、输出回路

的公共端，故称为共射极放大电路。电路中各元件的作用分别如下。

① VT　NPN 型三极管，起电流放大作用。

② U_{CC}　放大电路的直流电源，一方面保证晶体管工作在放大状态；另一方面为输出信号提供能量。

③ R_B　基极偏置电阻，与 U_{CC} 配合决定了放大电路基极电流 I_B 的大小。

④ R_C　集电极负载电阻，将晶体管集电极电流的变化量转换为电压的变化量，从而实现电压放大。

⑤ C_1、C_2　耦合电容，起"隔直通交"的作用。

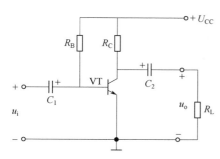

图 2-15　共射极基本放大电路

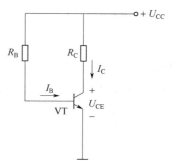

图 2-16　直流通路

2. 共射极基本放大电路的工作原理

为了更好地描述三极管放大电路的工作原理及过程，对放大电路中各种电量的表示符号做如下规定：直流分量（静态值）用大写字母和大写下标表示，如：I_B、I_C、U_{CE}，交流分量的瞬时值用小写字母和小写下标表示，如 i_b、i_c、u_{ce}，总变量（直流分量＋交流分量）用小写字母和大写下标表示，如 i_B、i_C、u_{CE}。

（1）静态工作点　当放大器输入端未加输入信号（$u_i = 0$）时，电路中的工作状态，称为静态。此时电路中的电压和电流只有直流成分，所以静态时的电路也就是放大电路的直流通路，如图 2-16 所示。静态时的 I_B、I_C、U_{BE}、U_{CE} 对应于三极管输出特性曲线上的一点，此点称为放大电路的静态工作点。静态工作点是放大电路的基础，它设置得是否合理，将直接影响放大电路能否正常工作以及性能的好坏。如果静态工作点设置太低可能出现截止失真，静态工作点设置太高可能出现饱和失真。

电路的静态工作点为：

$$I_B = \frac{U_{CC} - U_{BE}}{R_B} \approx \frac{U_{CC}}{R_B}$$

$$U_{BE} = 0.7V$$

$$I_C = \beta I_B$$

$$U_{CE} = U_{CC} - R_C I_C$$

（2）动态工作情况　输入交流信号 u_i 经过耦合电容 C_1 加到基极和发射极之间，与静态基极直流电压 U_{BE} 叠加得：$u_{BE} = U_{BE} + u_i$，适当调整静态工作点，使叠加后的总电压为正且大于三极管的导通电压，使三极管工作在放大状态。

u_{BE} 使三极管出现对应的基极电流 i_B，i_B 是 I_B 和 i_b 叠加形成的，即：$i_B = I_B + i_b$。

集电极电流受基极电流控制，所以集电极总电流为 $i_C = \beta i_B = \beta (I_B + i_b) = I_C + i_c$，可以看出，集电极电流也是由静态电流 I_C 和信号电流 i_c 叠加形成的。

i_C 的变化引起晶体管集电极和发射极之间总电压 u_{CE} 的变化，u_{CE} 也是由静态电压 U_{CE} 和信号电压 u_{ce} 叠加而成的，即 $u_{CE} = U_{CE} + u_{ce}$。

在集电极回路中，电压关系为 $U_{CC} = R_c i_C + u_{CE}$，其中 $R_c i_C$ 是集电极总电流在 R_c 的电压降，所以 $u_{CE} = U_{CC} - R_c i_C = U_{CC} - R_c (I_C + i_c) = U_{CC} - R_c I_C - R_c i_c = U_{CE} - R_c i_c$。

由以上 u_{CE} 的两个式子比较可得 $u_{ce} = -R_c i_c$。

由于电容 C_2 的隔直流、通交流的作用，只有交流信号电压 u_{ce} 才能通过 C_2 并从输出端输出，所以输出电压为 $u_o = u_{ce} = -R_c i_c$。

输出电压 u_o 与 u_i 反相，这种特性称为共射极放大电路的反相作用。

电压放大倍数 $A_u = \dfrac{u_o}{u_i} = -\dfrac{\beta \ R_C // R_L}{r_{be}}$，其中 r_{be} 为晶体管基极和发射极间的动态电阻（通常为 $1\text{k}\Omega$ 左右），"$-$" 号表示输出、输入信号反相。

【例 2-2】 在图 2-15 中，已知 $U_{CC} = 12\text{V}$，$R_B = 300\text{k}\Omega$，$R_C = 4\text{k}\Omega$，$R_L = 4\text{k}\Omega$，$\beta = 50$，$r_{be} = 1\text{k}\Omega$，试求放大电路的静态工作点 I_B、I_C、U_{CE} 值和电压放大倍数 A_u。

解　　$I_B \approx \dfrac{U_{CC}}{R_B} = \dfrac{12}{300} = 0.04 = 40\ (\mu\text{A})$

$I_C = \beta I_B = (50 \times 0.04) = 2\ (\text{mA})$

$U_{CE} = U_{CC} - R_C I_C = (12 - 2 \times 4) = 4\ (\text{V})$

$A_u = \dfrac{u_o}{u_i} = -\dfrac{\beta R_C // R_L}{r_{be}} = -\dfrac{50 \times 2}{1} = -100$

二、多级放大电路

多级放大电路是将微弱信号逐级放大的由单个放大电路连接起来的放大器，用来解决单个三极管组成的放大电路放大量不足的问题，组成框图如图 2-17 所示。目前多级放大电路一般在集成电路中制造。

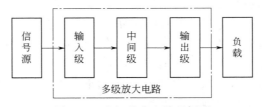

图 2-17　多级放大电路的框图

1. 级间耦合方式

放大器电路级与级之间的连接方式叫耦合。常用的耦合方式有阻容耦合、变压器耦合和直接耦合。

（1）阻容耦合　阻容耦合方式，就是利用电阻和电容元件将两个单级的放大电路连接起来，组成多级放大，如图 2-18（a）所示。阻容耦合放大电路由于电容的隔直作用，使得各级直流通路互不相通，各级静态工作点彼此独立，互不影响，因此静态工作点的设计计算比较简单；且电容器具有体积小、质量小、成本低的优点，所以阻容耦合电路得到广泛的应用。但是阻容耦合电路不能放大直流和变化缓慢的信号。

（2）变压器耦合　如图 2-18（b）所示为变压器耦合两级放大电路。由于变压器不能传送直流信号，所以各级静态工作点也是彼此独立，互不影响；变压器耦合方式的另一个重要特点是具有阻抗变换作用，例如通过变压器可以方便地将负载电阻变换成放大电路所需求的最佳负载值。变压器耦合的缺点是不能传送变化缓慢的信号或直流信号，另外还有质量和体积大、成本高、不适用于集成工艺。

（3）直接耦合　直接耦合方式是不经过电抗元件，将前级的输出端和后级的输入端直接连接起来，如图 2-18（c）所示。直接耦合放大电路，不仅能放大交流信号，也能放大直流信号和变化缓慢的信号。但是，直接耦合方式各级的直流电路互相沟通，各级的静态工作点互相影响，并且有零点漂移（输入为零时输出随外界条件变化而偏离静态值）问题。直接耦合电路适宜于集成化产品，其应用领域越来越广泛。

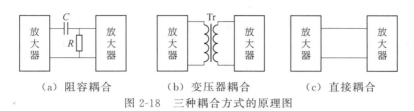

（a）阻容耦合　　　（b）变压器耦合　　　（c）直接耦合

图 2-18　三种耦合方式的原理图

2. 多级放大电路的电压放大倍数

在多级放大电路中，前一级的输出信号电压就是后一级的输入信号电压，因此，总的电压放大倍数等于各级放大倍数的乘积，即

$$A_u = A_{u1} \cdot A_{u2} \cdots A_{un}$$

三、运算放大器

运算放大器是高放大倍数的直耦多级放大器，常被制作成集成电路，为集成运算放大器，简称运放。集成运算放大器不仅可以作为性能良好的放大器件应用于放大电路，还可以加上各种反馈网络实现信号的处理、比较、运算、波形的产生和转换、有源滤波等功能。

运算放大器的符号，如图 2-19 所示。u_+ 为同相输入端，由此端输入信号时，输出信号与输入信号的相位相同；u_- 为反相输入端，由此端输入信号时，输出信号与输入信号的相位相反。

1. 理想运算放大器

分析集成运算放大器的工作原理时，可以将集成运算放大器看成是一个理想的运算放大器。理想运算放大器的主要条件是：

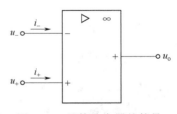

图 2-19　运算放大器的符号

开环电压放大倍数为无穷大，即 $A_o = \infty$。

输入电阻为无穷大，即 $r_i = \infty$。

输出电阻为零，即 $r_o = 0$。

集成运算放大器工作在线性区时，有以下两个特点。

① 虚短　集成运算放大器的开环电压放大倍数 $A_o = \infty$，而 u_o 为有限值，所以（$u_+ - u_-$）＝ 0，即 $u_+ = u_-$，反相端与同相端之间可视为短路，称为"虚短"。

② 虚断　由于运算放大器的输入电阻 $r_i = \infty$，相当于两输入端不取用电流，即 $i_+ = i_- = 0$。实际上 r_i 不可能无限大，u_+ 和 u_- 也不可能完全相等，i_i 只能是近似为零，称为"虚断"。

2. 运算放大器组成的运算电路

运算放大器可以进行比例、加法、减法、微分、积分、乘法等运算，下面只介绍常用的反相和同相比例运算电路。

（1）反相比例运算电路　　反相比例运算电路如图 2-20 所示，电路的输入 u_i 经电阻 R_1 从运放的反相输入端输入，运放的同相输入端经电阻 R_2 接地，电阻 R_F 组成反馈网络。

运用虚断和虚短的概念，可得 $i_1 = i_f$

即
$$\frac{u_i - u_-}{R_1} = \frac{u_- - u_o}{R_F}$$

而
$$u_- = u_+ = 0（虚地）$$

所以得电压放大倍数 $K = \dfrac{u_o}{u_i} = -\dfrac{R_F}{R_1}$，由于 R_1 和 R_F 为常数，则输出电压和输入电压成比例关系且相位相反，实现了反相比例运算。若 $R_F = R_1$ 时，有 $u_o = -u_i$，电路为反相器。

（2）同相比例运算电路　　同相比例运算电路，如图 2-21 所示，电路的输入电压 u_i 经电阻 R_2 从运放的同相输入端输入，反相输入端经电阻 R_1 接地，电阻 R_F 组成反馈网络。

$$u_i = u_+ = u_- \text{ 且 } i_1 = i_f$$

即
$$-\frac{-u_i}{R_1} = \frac{u_i - u_o}{R_F}$$

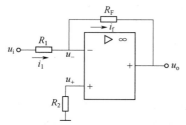

图 2-20　反相比例运算电路

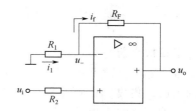

图 2-21　同相比例运算电路

所以得电压放大倍数 $K = \dfrac{u_o}{u_i} = \dfrac{R_1 + R_F}{R_1}$，由于 R_1 和 R_F 为常数，则输出电压和输入电压成比例关系且相位相同，实现了同相比例运算。当 $R_F = 0$ 时，$u_o = u_i$，电路为电压跟随器。

【考核内容与配分】

单　　元	考核内容	考核权重
【课题一】 常用半导体器件	二极管和三极管的结构、符号、类型，二极管的单向导电性，三极管的三种工作状态	30%
【课题二】 直流稳压电源	直流稳压电源的组成，桥式整流电路的分析计算，电容滤波的基本原理，稳压电路分析	40%
【课题三】 放大电路	共射极基本放大电路的组成及分析计算，多级放大电路的三种耦合形式，集成运算放大电路构成的比例运算电路分析计算	30%

【思考题与习题】

2-1. 二极管具有什么作用？其图形符号是怎样表示的？二极管导通的条件是什么？

2-2. 三极管具有什么特性？其图形符号是怎样表示的？

2-3. 某三极管的 β 为 50，输入电流 I_B 为 0.06mA，该管的输出电流 I_C 为多少？

2-4. 三极管有哪几种工作状态？工作条件各是什么？

2-5. 直流稳压电源一般由哪几部分组成？各部分的作用是什么？

2-6. 什么叫整流？整流有哪几种方式？

2-7. 已知某桥式整流电路，变压器次级交流电压为 20V。

　　求：① 输出直流电压为多大？

　　　　② 每只二极管承受的最大反向峰值电压为多少？

2-8. 什么叫滤波？滤波元件是什么？

2-9. 什么叫稳压？稳压二极管工作在什么状态？

2-10. 简述并联型稳压电路的工作过程。

2-11. 射极基本放大电路为什么有倒相作用？

2-12. 什么是放大电路的静态工作点？为什么要设置合理的静态工作点？

2-13. 在图 2-15 中，已知 $U_{CC}=20\,V$，$R_B=400k\Omega$，$R_C=4k\Omega$，$\beta=50$，试求放大电路的静态工作点。

2-14. 多级放大电路的耦合形式有哪几种？为什么多级交流放大电路常采用阻容耦合？

2-15. 理想运放在应用时有哪些特点？

模块三　常用电工仪表与安全用电

【学习目标】

　　通过本模块学习了解常用电工仪表工作原理；熟悉电工仪表的分类、供电系统的基本结构及企业用电负荷；掌握常用电工仪表（万用表、兆欧表等）的识别和正确使用方法；能检测简单的电路参数；会安全用电及触电急救。

【课题一】　　　　　　常用电工仪表

　　在电工技术中，测量各种电磁量的仪器仪表统称为电工仪表。电工仪表的种类和规格很多，分类方法也各异。电工仪表按结构和用途的不同，主要分为以下三类。

　　1. 指示仪表

　　电工指示仪表是最常见的一种电工仪表，特点是能将被测量转换为仪表可动部分的机械偏转角，并通过指示器直接显示出被测量的大小，故又称为直读式仪表。

　　2. 比较仪表

　　比较仪表的特点是在测量过程中，通过被测量与度量器（即标准量）进行比较，然后根据比较结果才能确定测量的大小。比较仪表又分直流比较仪表和交流比较仪表两大类。电位差计和直流电桥属于直流比较仪表，交流电桥属于交流比较仪表。

　　3. 数字仪表

　　数字仪表的特点是把测量转化为数字量，并以数字形式显示出被测量的大小。数字仪表的种类很多，常用的有数字式电压表、数字式万用表、数字式频率表等。

一、万用表

　　万用表是电工电子专业中使用得最频繁的测量仪表之一，一般以测量电流、电压、和电阻为主。

（a）指针式万用表　　（b）数字式万用表

图 3-1　万用表

　　万用表可以分为指针式（模拟式）万用表与数字式万用表，如图 3-1（a）（b）所示。

　　1. 指针式万用表使用方法

　　测试前，首先把万用表放置在水平状态，并视其表针是否处于零点（指电流、电压刻度的零点），若不在，则应调整表头下方的"机械零位调整"，使指针指向零点。根据被测项，正确选择万用表上的测量项目及量程开关。若已知被测量的数量级，则就选择与其相对应的数量级量程；若不知被测量值的数量级，则应从选择最大量程开始测量。一般以指针偏转角不小于最大刻度的30％为合理量程。

（1）万用表作为电流表使用

① 把万用表串接在被测电路中时，应注意电流方向，即把红表笔接电流入的一端，黑表笔接电流出的一端，如果不知被测电流的方向，可以在电路的一端先接好一支表笔，另一支表笔在电路的另一端轻轻地碰一下；如果指针向右摆动，说明接线正确，如果表针向左摆动（低于零点），说明接线不正确，应把万用表的两支表笔位置调换。

② 在指针偏转角度大于或等于最大刻度30％时，尽量选用大量程挡，因为量程愈大，分流电阻愈小，电流表的等效内阻愈小，这时被测电路引入的误差也愈小。

③ 在测大电流时，千万不要在测量过程中拨动量程选择开关，以免产生电弧烧坏转换开关的触点。

（2）万用表作电压表使用

① 把万用表并接在被测电路上，在测量直流电压时，应注意被测电压的极性，红表笔接电压高的一端，黑表笔接电压低的一端。若不知被测电压的极性，可按前述测量电流时的试探方法试一试，如指针向右偏转，则可以进行测量，如指针向左偏转，则把红、黑表笔对换位置。

② 为了减小电压表内阻引入的误差，在指针角度大于或等于最大刻度的30％时，测量尽量选择大量程挡，因为量程愈大，分压电阻愈大，电压表的等效内阻愈大，这时被测电路引入的误差愈小。

③ 在测量交流电压时，不必考虑极性问题，只要将万用表并接在被测电路两端即可。

④ 不要在测量较高的电压时拨动量程开关，以免产生电弧烧坏转换开关的触点。

⑤ 在测量有感抗的电路中的电压时，必须在测量后先把万用表断开再关电源，不然会在切断电源时，因为电路中感抗元件的自感现象，会产生高压而可能把万用表烧坏。

（3）万用表作为欧姆表使用

① 测量时应先调零，即把两表笔直接相碰（短路），调整表盘下面的零欧姆调整器，使指针指在"0"欧姆处。这是因为内接干电池随着时间加长，其提供的电源电压会下降，内部分流电阻调整作为补偿，因此测量时必须调零。

② 为了提高测量的精度和保证被测对象的安全，必须正确选择合适的量程挡，一般测电阻时，要求指针在全刻度的20％～80％的范围内，这样测试精度才能满足要求。

③ 作欧姆表使用时，内接干电池对外电路而言，红表笔接干电池的负极，黑表笔接干电池的正极。

④ 测较大电阻时，手不可同时接触被测电阻的两端，不然人体电阻就会与被测电阻并联，使测量结果不正确。另外测电路上的电阻时，应将电路的电源切断，不然测量结果不准确（相当再外接一个电压），还会使大电流通过微安表头，把表头烧坏。

⑤ 使用完毕不要将量程开关放在欧姆挡上，为了保护微安表头，以免下次开始测量时不慎烧坏表头，测量完成后应把量程开关拨在直流电压和交流电压的最大量程位置，千万不要放在欧姆挡上，以防两支表笔万一短路时，将内部干电池全部耗尽。

2. 数字式万用表使用方法

数字式万用表是在模拟指针刻度测量的基础上，用数字形式直接把检测结果显示出来，它由直流数字电压表或加上一些转换器构成。由于数字式万用表采用了大规模集成电路，故与指针式万用表相比有以下一些优点。

① 读数容易、准确。

② 测量精度高。

③ 因为内阻高，所以测量误差可以达到很小。

④ 性能稳定、工作可靠、耐用。

⑤ 在强磁场环境下也能正常工作。

尽管数字式万用表具有如此多的优点，但是由于指针式万用表具有结构简单，读数直观、方便、可靠性高、价格便宜等特点，仍然会被人们广泛使用。

数字式万用表使用方法如下。

① 先用选择开关选择被测量的项目及其量程。

② 输入插孔"COM"为公用插孔，其他插孔按被测量项目选择。

③ 电源开关扳向"ON"为开，此时屏上即有显示。

二、钳形电流表（*）

钳形电流表是一种不需要断开电路就可以测量交流电流的便携式仪表，在电气检修中使用非常方便，应用相当广泛。钳形电流表如图 3-2 所示。

1. 使用方法

① 机械调零　使用前，检查钳形电流表的指针是否指向零位，若不在零位上，可旋动机械调零钮。

② 清洁钳口　测量前，检查仪表的钳口上是否有杂物或油污，待清洁干净后再测量。

③ 选择量程　估计被测电流的大小，将转换开关调至需要的测量挡。若无法估计被测电流的大小，则先选用最高量程挡，然后根据测量情况调到合适的量程。

图 3-2　钳形电流表

④ 测量数值　将被测导线放在钳口的中央，并使钳口闭合紧密，将表拿平，然后读数。

⑤ 高量程挡存放　测量完毕，要将转换开关放在最大量程处。

2. 使用钳形电流表应注意以下问题：

① 测量前应先估计被测电流的大小，选择合适量程。

若无法估计，为防止损坏钳形电流表，应从最大量程开始测量，逐步变换挡位直至量程合适。改变量程时应将钳形电流表的钳口断开。

② 为减小误差，测量时被测导线应尽量位于钳口的中央。

③ 测量时，钳形电流表的钳口应紧密接合，若指针抖晃，可重新开闭一次钳口，如果抖晃仍然存在，应仔细检查，注意清除钳口杂物、污垢，然后进行测量。

④ 测量小电流时，为使读数更准确，在条件允许时，可将被测载流导线绕数圈后放入钳口进行测量。此时被测导线实际电流值应等于仪表读数值除以放入钳口的导线圈数。

⑤ 测量结束，应将量程开关置于最高挡位，以防下次使用时疏忽，未选准量程进行测量而损坏仪表。

三、兆欧表（*）

兆欧表是用来检测电气设备、供电线路绝缘电阻的一种可携式仪表。有时要求对众多的电力设备如：电缆、电机、发电机、变压器、互感器、高压开关、避雷器等进行绝缘性能试验，就需要用到兆欧表。兆欧表俗称摇表，是测量绝缘体电阻的专用仪表，主要由磁电式流比计与手摇直流发电机组成。如图 3-3 所示。

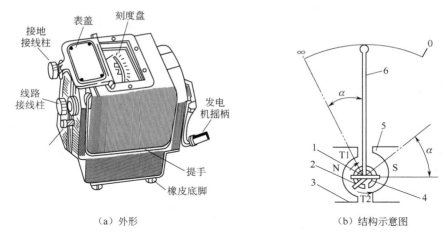

（a）外形　　　　　　　　　　（b）结构示意图

图 3-3　兆欧表外形及结构示意图

1,2—动线圈；3—永久磁铁；4—带缺口的圆柱形铁芯；5—极掌；6—指针

1. 兆欧表的使用

（1）正确选用兆欧表　兆欧表的额定电压应根据被测电气设备的额定电压来选择。测量 500V 以下的设备，选用 500V 或 1000V 的兆欧表；额定电压在 500V 以上的设备，应选用 1000V 或 2500V 的兆欧表；对于绝缘子、母线等要选用 2500V 或 3000V 兆欧表。

（2）使用前检查兆欧表是否完好　将兆欧表水平且平稳放置，检查指针偏转情况：将 E、L 两端开路，以约 120r/min 的转速摇动手柄，观测指针是否指到"∞"处；然后将 E、L 两端短接，缓慢摇动手柄，观测指针是否指到"0"处，经检查完好才能使用。

（3）兆欧表的使用

① 兆欧表放置平稳牢固，被测物表面擦干净，以保证测量正确。

② 正确接线　兆欧表有三个接线柱：线路（L）、接地（E）、屏蔽（G）。根据不同测量对象，作相应接线。测量线路对地绝缘电阻时，E 端接地，L 端接于被测线路上；测量电机或设备绝缘电阻时，E 端接电机或设备外壳，L 端接被测绕组的一端；测量电机或变压器绕组间绝缘电阻时先拆除绕组间的连接线，将 E、L 端分别接于被测的两相绕组上；测量电缆绝缘电阻时 E 端接电缆外表皮（铅套）上，L 端接线芯，G 端接芯线最外层绝缘层上。

③ 由慢到快摇动手柄，直到转速达 120r/min 左右，保持手柄的转速均匀、稳定，一般转动 1 min，待指针稳定后读数。

④ 测量完毕，待兆欧表停止转动和被测物接地放电后方能拆除连接导线。

2. 使用注意事项

因兆欧表本身工作时产生高压电，为避免人身及设备事故必须重视以下几点。

① 不能在设备带电的情况下测量其绝缘电阻。测量前被测设备必须切断电源和负载，并进行放电；已用兆欧表测量过的设备如要再次测量，也必须先接地放电。

② 兆欧表测量时要远离大电流导体和外磁场。

③ 与被测设备的连接导线应用兆欧表专用测量线或选用绝缘强度高的两根单芯多股软线，两根导线切忌绞在一起，以免影响测量准确度。

④ 测量过程中，如果指针指向"0"位，表示被测设备短路，应立即停止转动手柄。

⑤ 被测设备中如有半导体器件，应先将其插件板拆去。

⑥ 测量过程中不得触及设备的测量部分，以防触电。

⑦ 测量电容性设备的绝缘电阻时，测量完毕，应对设备充分放电。

【任务一】　万用表的使用

1. 材料准备

直流可调稳压电源　　　　　　1 台

万用表　　　　　　　　　　　1 只

电路测量实验电路板　　　　　1 块

电阻若干

2. 实训步骤

① 认真阅读电工仪表的使用说明书，充分了解万用表的性能和使用方法。

② 观察指针式万用表的内部结构，并分析其工作原理。

③ 按图 3-4 所示接线。其中 U_S 为直流稳压电源，$R_1 = 500\Omega$，$R_2 = 300\Omega$，$R_3 = 150\Omega$，$R_1' = 1k\Omega$，$R_2' = 1.8k\Omega$，$R_3' = 3.6k\Omega$。

④ 将电源电压 U_S 调到 12V，开关 SA_1、SA_2、SA_3 拨到 1 位置，然后接通电源，把万用表转换开关转换到直流电压挡，测量电压 U_{AB}、U_{AC}、U_{CB}，记录到活动表 3-1 中。

⑤ 把万用表转换开关转换到直流电流挡，串联到电路中测量电流 I、I_1、I_2，记录到活动表 3-1 中。

⑥ 改变开关 SA_1、SA_2、SA_3 位置，按上述步骤再测一次，把所测数据记录到活动表 3-1 中。

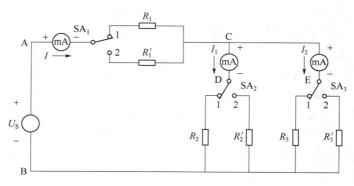

图 3-4　电路的测量

表 3-1　活　动　表

开关位置		电　　压			电　　流		
		U_{AB}	U_{AC}	U_{CB}	I	I_1	I_2
1	计算值						
	测量值						
2	计算值						
	测量值						

⑦ 注意事项

● 电路接好后，经检查后方可通电。

- 用万用表测直流电压、直流电流时，必须把万用表的转换开关拨到相应的测量挡，估算电压和电流值，选择适当的量程，否则会损坏万用表。

- 测量直流电压时，万用表要与被测元件并联；测量直流电流时，万用表要与被测元件串联。用万用表直流电压表测量时，正表棒（红色）接高电位点，负表棒（黑色）接低电位点。

- 测量直流电流时，电流从正表棒（红色）流进，负表棒（黑色）流出。

【课题二】　　　　安全用电

电能是现代工业的主要动力，而工业企业的供电过程，人们日常生活中的用电安全以及如何合理地供配电及安全用电是工业企业重要的基础技术工作。

一、供电系统

供电系统就是由电源系统和输配电系统组成的产生电能并供应和输送给用电设备的系统。一般由发电、变电、输电、配电和用电五个环节组成。电能是有发电厂产生的，根据一次能源的不同，可将发电厂分火力发电厂、水力发电厂、风能发电厂、核电厂等。目前在我国，火力发电厂和水力发电厂占据了主导地位。电能电压的变换，即变电，是由变电站完成的。输电和配电是由电力网来完成的，最后由用户来使用电能。

工厂供电工作要很好地为工业生产服务，切实保证工厂生产和生活用电的需要，并做好节能工作，这就需要有合理的工厂供电系统。合理的供电系统需达到以下基本要求。

① 安全：在电能的供应分配和使用中，不应发生人身和设备事故。

② 可靠：应满足电能用户对供电的可靠性要求。

③ 优质：应满足电能用户对电压和频率的质量要求。

④ 经济：供电系统投资要少，运行费用要低，并尽可能地节约电能和材料。此外，在供电工作中，应合理地处理局部和全部、当前和长远的关系，既要照顾局部和当前利益，又要顾全大局，以适应发展要求。

不同的用户，对供电可靠性的要求不一样。根据用户对供电可靠性的要求及中断供电造成的危害或影响的程度，我们把用电负荷分为三级。

1. 一级负荷

在一级负荷中，当中断供电将造成人身事故或重大电气设备严重损坏，引起生产混乱，造成巨大损失．对这类负荷采用两个独立电源供电。

2. 二级负荷

在二级负荷中，当中断供电将引起主要电气设备损坏，严重减产，造成重大经济损失，影响正常的生活秩序等。对这类负荷允许用独立电源供电，也可采取两个独立电源供电。

3. 三级负荷

不属于一级和二级负荷的一般负荷，即为三级负荷。如果停电，除使产量减少外，不会有其他不良影响。只需一个电源供电就可以。

在上述三类负荷中，一级负荷应采用两个电源供电；当一个电源发生故障时，另一个电源不应同时受到损坏。一般把重要的医院、铁道信号、大型商场、体育馆、影剧院、重要宾馆和电信电视中心列为一级负荷。如指挥火车运行的车站信号楼内的信号、通信设备用电电源，可采用铁路专用的自闭线、贯通线两路电源供电。

对特别重要负荷，除采用两个独力电源外，还应增设应急电源。对于二级负荷，一般由两个回路供电，两个回路的电源线应尽量引自不同的变压器或两段母线。对于三级负荷无特殊要求，采用单电源供电即可。

二、触电事故

当人体触及带电体承受过高的电压而导致死亡或局部受伤的现象称为触电。触电事故的主要原因有以下几方面：

① 电气设备在设计、制造、安装时未能按有关规定进行；

② 缺少安全措施和安全知识而未能及时发现异常情况和采取措施；

③ 缺少安全管理造成运行和维护不当；

④ 设备绝缘损坏和自然老化；

⑤ 企业由于静电引起的事故；

⑥ 由于高层建筑，高压和超高压输电线路，雷电灾害事故。

人体触电伤害程度主要取决于流过人体电流的大小、电击时间的长短、通电的途径、通电电流的种类、人体状况等因素，把人体触电后最大的摆脱电流，称为安全电流。中国规定安全电流为 30mA·s，即触电时间在 1s 内，通过人体的最大允许电流为 30mA。人体触电时，如果接触电压在 36V 以下，通过人体的电流就不致超过 30mA，故中国规定，在一般条件下安全电压规定为 36V，但在潮湿地面和能导电的厂房，安全电压则规定为 24V 或 12V。

人体常见的触电方式有三种类型，即单相触电、两相触电和跨步电压触电。

1. 单相触电

在人体与大地之间互不绝缘的情况下，人体的某一部位触及到三相电源线中的任意一根导线，电流从带电导线经过人体流入大地而造成的触电伤害。

单相触电是日常生活中最常见的触电方式，在不方便切断相关电源的情况下，通常要穿上绝缘鞋、戴上绝缘手套或是站在干燥的木板、木桌椅等绝缘物上进行操作，目的是使操作者与大地隔离开，使电流不能形成回路。如图 3-5 所示。

2. 两相触电

两相触电，也叫相间触电，这是指在人体与大地绝缘的情况下，同时接触到两根不同的相线，或者人体同时触及到电气设备的两个不同相的带电部位时，电流由一根相线经过人体到另一根相线，形成闭合回路，两相触电比单相触电更危险，因为此时加在人体上的是线电压。如图 3-6 所示。

3. 跨步电压触电

当电气设备的绝缘损坏或线路的一相断线落地时，落地点的电位就是导线的电位，电流就会从落地点（或绝缘损坏处）流入地中。离落地点越远，电位越低。根据实际测量，在离导线落地点 20m 以外的地方，由于入地电流非常小，地面的电位近似等于零。如果有人走近导线落地点附近，由于人的两脚电位不同，则在两脚之间出现电位差，这个电位差叫做跨步电压。离电流入地点越近，则跨步电压越大。离电流入地点越远，则跨步电压越小。在20m 以外，跨步电压很小，可以看作为零。当发现跨步电压威胁时应赶快把双脚并在一起，或赶快用一条腿跳着离开危险区，否则，因触电时间长，也会导致触电死亡。如图 3-7 所示。

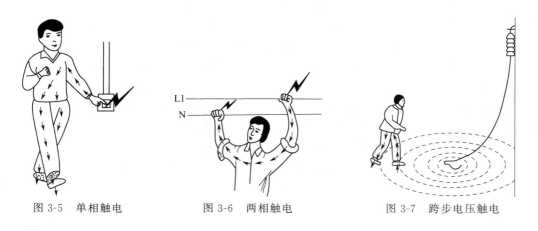

图 3-5　单相触电　　　　　　图 3-6　两相触电　　　　　　图 3-7　跨步电压触电

三、触电急救

当发现有人触电时，首先要尽快地使触电者脱离电源，然后再根据具体情况，采取相应的急救措施。

触电急救步骤如下。

1. 脱离电源

发生触电事故，首先脱离电源。如果电源开关或插头离触电地点很近，可以迅速拉开开关，切断电源。在高压线路或设备上触电应立即通知有关部门停电，为使触电者脱离电源应戴上绝缘手套，穿绝缘靴，使用适合该挡电压的绝缘工具，按顺序打开开关或切断电源。

脱离电源注意事项如下。

① 救护人员不能直接用手、金属及潮湿的物体作为救护工具，救护人员最好单手操作，以防自身触电。如图 3-8 所示。

② 防止高空触电者脱离电源后发生摔伤事故。

③ 如果事故发生在晚上，应立即解决临时照明，以便触电急救。

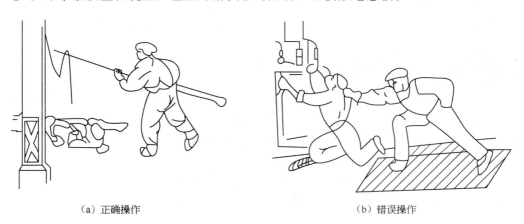

（a）正确操作　　　　　　　　　　　　　　（b）错误操作

图 3-8　脱离电源操作示意图

2. 现场急救

当触电者脱离电源后，根据具体情况应就地迅速进行救护，同时赶快派人请医生前来抢救，触电者需要急救的大体有以下几种情况。

① 触电不太严重，触电者神志清醒，但有些心慌，四肢发麻，全身无力，或触电者曾一度昏迷，但已清醒过来，应使触电者安静休息，不要走动，严密观察并请医生诊治。

② 触电较严重，触电者已失去知觉，但有心跳，有呼吸，应使触电者在空气流通的地方舒适、安静地平躺，解开衣扣和腰带以便呼吸，如天气寒冷应注意保温，并迅速请医生诊治或送往医院。

③ 触电相当严重，触电者已停止呼吸，应立即进行人工呼吸，如果触电者心跳和呼吸都已停止，人完全失去知觉，应采用人工呼吸法和心脏挤压法进行抢救。

口对口人工呼吸是人工呼吸法中最有效的一种，在施行前，应迅速将触电者身上妨碍呼吸的衣领、上衣、裙带等解开，并清除口腔内脱落的假牙、血块、呕吐物等，使呼吸道畅通。然后使触电者仰卧，头部充分后仰，使鼻也朝上。

具体操作步骤如图 3-9 所示。

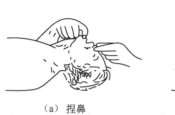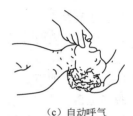

　　（a）捏鼻　　　　　　　　　　（b）吹气　　　　　　　　　　（c）自动呼气

图 3-9　人工呼吸步骤图

① 一手捏紧触电者鼻孔，另一手将其下颌拉向前下方（或托住其颈后），救护人深吸一口气后紧贴触电者的口向内吹气，同时观察胸部是否隆起，以确保吹气有效，为时约 2s。

② 吹气完毕，立即离开触电者的口，并放松捏紧的鼻子，让他自动呼气，注意胸部的复原情况，为时约 3s。

③ 按照上述步骤连续不断地进行操作，直到触电者开始呼吸为止。

触电急救的要点是迅速，救护得法，切不可惊慌失措，束手无策，特别注意的是急救要尽早地进行，不能等待医生的到来，在送往医院的途中，也不能停止急救工作。

【考核内容与配分】

单　　元	考核内容	考核权重
【课题一】 常用电工仪表	指针式万用表的正确使用方法，数字式万用表的优点及使用	40%
【课题二】 安全用电	供电系统概念及合理供电系统基本要求，用电负荷的分级，触电事故发生原因及常见触电事故类型，触电急救步骤	60%

【思考题与习题】

3-1. 在使用万用表测电阻时，若事先无法估计被测量的大小时，应如何做？

3-2. 试简述万用表测量电压的过程。

3-3. 电力系统的概念及其各部分作用？

3-4. 触电对人体危害主要有哪几种？绝大部分触电死亡事故是由哪一种造成的？

3-5. 用电事故发生的原因有哪些？

3-6. 触电的形式及防范救护措施？

3-7. 说明触电急救的步骤和方法。

3-8. 完成下列选择题

① 电工指示仪表按工作原理分类主要有哪几种？

② 误差的表示方法有哪几种？

③ 仪表的标度尺刻度不准造成的误差是 （　　　）

　　A. 基本误差　　　　B. 附加误差　　　　C. 相对误差　　　　D. 引用误差

④ 欲精确测量中电阻的阻值，应选用 （　　　）

　　A. 万用表　　　　B. 兆欧表　　　　C. 单臂电桥　　　　D. 双臂电桥

⑤ 测量电气设备的绝缘电阻时，可选用 （　　　）

　　A. 万用表　　　　B. 电桥　　　　C. 兆欧表　　　　D. 伏安法

模块四 常用电动机与电器

【学习目标】

通过本模块学习了解常用低压电器、三相异步电动机、单相异步电动机、变压器的有关技术参数的意义；熟悉常用低压电器、三相异步电动机、单相异步电动机、变压器的工作原理；掌握常用低压电器、三相异步电动机、单相异步电动机、变压器的结构和使用；能正确选用低压电器、三相异步电动机等；会检修简单的三相异步电动机故障。

【课题一】 常用低压电器

低压电器通常是指交流 1000V 及以下或直流 1200V 及以下的电器。根据它在电气线路中的地位和作用可分为低压配电电器和低压控制电器两大类。低压配电电器主要有开关、低压短路器、熔断器等。低压控制电器主要有主令电器、接触器、继电器等。

一、低压配电电器

1. 开关

（1）闸刀开关 闸刀开关一般用于不经常操作的低压电路中，用于接通或切断电路，也用来直接启动小容量的异步电动机。在控制电路中可以把闸刀开关和熔断器组合在一起，以便断路和短路时自动切断电路。

闸刀开关是由操作手柄、闸刀和绝缘底板组成，依靠手动进行插入与脱离插座的控制。其内部结构和图形符号如图 4-1 所示。

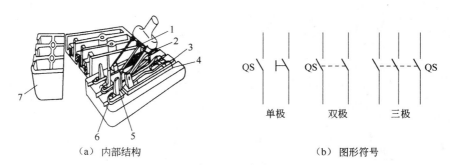

（a）内部结构　　　　　　　　　　（b）图形符号

图 4-1 闸刀开关

1—瓷柄；2—触刀；3—出线座；4—瓷底座；5—静触头；6—进线座；7—胶盖

闸刀开关选择安装和使用注意事项如下。

① 用于照明和电热负载时，选用额定电压 220V 或 250V，额定电流大于电路所有负载

额定电流之和的开关；用于电动机控制电路时，选用额定电压 380V 或 500V，额定电流不小于电动机额定电流 3 倍的开关。

② 安装时静触头放在上面，接电源进线，动触头放在下面，接负载。不允许倒装或平装，以免闸刀松动落下时误合闸。

③ 刀开关的拉、合闸应迅速，一次拉合到位。

（2）转换开关（又称组合开关）　转换开关是一种转动式的闸刀开关，它主要用于接通或切断电路、换接电源控制小型异步电动机的启动、停止、正反转或局部照明。转换开关的特点是用动触片的转动来代替刀闸的推合和拉开。结构紧凑、组合性强。转换开关具有体积小、触头对数多、接线方式灵活、操作方便等优点。图示 4-2 为转换开关的外形图。

2. 低压断路器

低压断路器又称自动开关，是低压电力系统中的主要电器设备之一。主要用于低压动力线路中，相当于刀闸开关、熔断器、热继电器、过电流继电器和欠电压继电器的组合，是一种自动切断电路故障用的保护电器。可用于低压配电装置中做总开关和支路开关，也可用于电动机不频繁的启动控制。

（1）低压断路器的工作原理　自动空气断路器主要由触头系统、灭弧装置、操作机构和保护机构三部分组成。主触头由耐弧合金（如银钨合金）制成，采用灭弧栅片灭弧；操作机械可用操作手柄操作也可用电磁机构操作，故障时自动脱扣；触头通断具有瞬时性，与手柄的操作速度无关。

图 4-2　转换开关外形图

如图 4-3 所示为空气断路器的结构原理图。当电路正常运行时，电磁脱扣器 3 的线圈所产生的磁力不能将其衔铁吸合；当电路发生短路或过电流时，磁力增加将衔铁吸合，撞击杠杆，使锁扣脱扣，主触点被弹簧迅速拉开将主电路分断。电路欠压或失压时，欠压脱扣器 6 磁力减小或消失，其衔铁被弹簧拉开撞击杠杆，使锁扣脱扣实行欠失压保护。当电路发生过载故障时，双金属片弯曲，撞击杠杆，使锁扣脱扣，主触头断开，分断主电路实现过载保护。

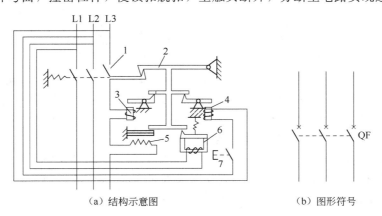

（a）结构示意图　　　　　　　　（b）图形符号

图 4-3　低压断路器结构示意图及图形符号

1—主触点；2—自由脱扣机构；3—电磁脱扣器；4—分励脱扣器；

5—热脱扣器；6—欠压脱扣器；7—启动按钮

（2）低压断路器的特点　短路分断能力高、体积小、零飞弧、使用安全可靠、维修更换方便、限流分断等。

（3）低压断路器的选用与维护　塑料外壳式断路器常用来做电动机的过载与短路保护，以其为例介绍低压断路器的选用原则如下。

① 断路器的额定电压和额定电流应等于或大于电路正常工作电压和电流。

② 热脱扣器的整定电流应与所控制的电动机额定电流或负载额定电流相等。

③ 对保护笼型异步电动机，断路器的电磁脱机器的瞬时脱扣整定电流为 8～15 倍电动机额定电流，而保护绕线式电动机时为 3～6 倍。

在实际使用时应先将脱扣器电磁铁表面的防锈油脂抹去，以免影响电磁机构的动作值。在使用一定次数后（约 1/4 机械寿命），转动部分应加润滑油。还应定期清除断路器上的灰尘以保持绝缘良好，以及定期检查脱扣器的整定值。

3. 熔断器

低压熔断器广泛用于配电系统和控制系统，是根据电流的热效应原理工作的。使用时串接在被保护线路中，当线路发生短路或严重过载时，熔体产生的热量使自身熔化而切断电路。由于其结构简单、体积小、价格便宜、使用维护方便。

（1）低压熔断器的结构与保护特性　低压熔断器主要由熔体和绝缘底座组成。熔体为丝状或片状。熔体材料通常有两种：一种由铅锡合金和锌等低熔点金属制成，多用于小电流电路；另一种由银、铜等高熔点金属制成，多用于大电流电路。

熔断器的主要特性为保护特性或安秒特性，即电流越大，熔断越快。

（2）低压熔断器的常用系列产品

① 瓷插式熔断器。瓷插式熔断器由瓷盖、静触头、动触头、熔体和瓷底座组成，如图 4-4 所示。瓷盖的凸出部分与瓷底座之间的间隙形成灭弧室。瓷插式熔断器一般用于交流 50Hz、额定电压 380V、额定电流 200A 以下的线路中作断路保护。

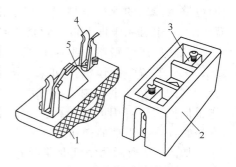

图 4-4　瓷插式熔断器
1—瓷盖；2—瓷底座；3—静触头；
4—动触头；5—熔体

② 封闭管式熔断器。该系列熔断器由熔断管、熔体和静插座等组成，熔体被封闭在不充填料的熔管内，如图 4-5 所示。其特点是结构简单、灭弧能力强、更换熔体方便、使用安全，应用广泛。

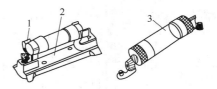

图 4-5　封闭式熔断器
1—插座；2—底座；3—熔管

③ 螺旋式熔断器。螺旋式熔断器，是由瓷制底座、瓷帽及熔断体三部分组成。熔断体内装有一组熔丝（片）与石英砂。熔断体盖上有一熔断指示器，当熔丝熔断时，指示器即跳出。该系列熔断器用于交流额定电压 500V、额定电流 200A 以上电路中，作过载保护用。如图 4-6 所示。

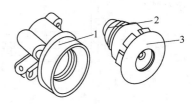

图 4-6　螺旋式熔断器
1—底座；2—熔体；3—瓷帽

二、低压控制电器

1. 主令电器

主令电器是用作接通和分断控制电路，以达到发号施令目的的电器。主令电器的种类很多，常用的有按钮开关、行程开关和主令控制器等。

（1）按钮　按钮是一种结构简单、应用广泛的主令电器，通常用来接通或断开电流较小的控制电路，从而控制电动机或其他电气设备的运行。按钮由按钮帽、复位弹簧、动触头、静触头和外壳等组成。如图4-7所示。

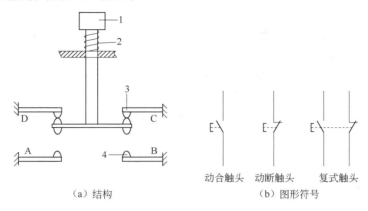

（a）结构　　　　　　　（b）图形符号

图4-7　按钮的结构示意图及符号
1—按钮帽；2—复位弹簧；3—动断触头；4—动合触头

为了便于识别各个按钮的作用，避免误动作，通常在按钮帽上作出不同标记或涂上不同的颜色。例如：蘑菇形表示急停按钮；一般红色表示停止按钮；绿色表示启动按钮。如果按钮按下时触电闭合，称动合触电；如果按下时触电断开，称动断触点。一个按钮通常两者都包含，当按钮松开后，所有的触点将恢复原状。

（2）行程开关　行程开关也叫位置开关，是一种利用生产机械运动部件的碰撞发出指令的主令电器。它的结构及原理与按钮相似，它有一对动断触点和动合触点。工作时，这些触点接在有关的控制电路中，并将它固定在预定的位置上，当生产机械运行部件移到这个位置时，将触及行程开关的触杆，使动断触点断开，动合触点闭合，从而断开和接通有关控制电路，达到控制生产机械的目的。当生产机械移开这个位置时，行程开关在复位按钮的作用下恢复原来状态。行程开关是用以反应工作机械的行程，发出命令控制其运动方向或行程大小的主令电器。行程开关由操作头、触头系统和外壳3部分组成。操作头用来接受机械设备发出的动作信号，并将此信号传递到触头系统；触头系统将操作头传来的机械信号通过本身的转换动作变换为电信号，输出到控制回路并使其作出必要的反应。

行程开关有直动式、转动式、组合式、微动式与滚轮式等种类。行程开关的图形和文字符号如图4-8所示。

（a）动合触点　　（b）动断触点　　（c）复合触点

图4-8　行程开关的符号

2. 接触器

交流接触器是用来频繁地、远距离接通或切断主电路或大容量控制电路的自动控制电路。交流接触器在控制电路中主要控制对象是电动机，也可用于控制电热设备、电焊机、电容器组等其他负载。它是电力拖动与自动控制中非常重要的低压电器，具有操作频率高、工作可靠、性能稳定、使用寿命长、维护方便等优点。

接触器是一种适用于远距离频繁地接通与断开交直流主电路及大容量控制电路的自动切换电器。其主要控制对象是电动机，也可用于控制如电焊机、电容器组、电热装置、照明设备等其他负载。接触器具有操作频率高、使用寿命长、工作可靠、性能稳定、维修方便等优点，是用途广泛的控制电器之一。

接触器的品种较多，按其线圈通过电流种类不同可分为交流触器与直流接触器。

（1）交流接触器的结构与工作原理　　交流接触器常用于远距离接通和分断电压至1140V、电流630A的交流电路，以及频繁启动和控制交流电动机。交流接触器的外形及图形符号分别如图4-9（a）、（b）所示。

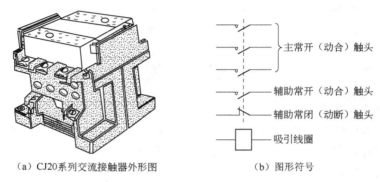

（a）CJ20系列交流接触器外形图　　　　　　（b）图形符号

图4-9　交流接触器

交流接触器主要由电磁机构、触头系统、灭弧装置等部分组成。电磁系统实际是由线圈、静铁芯、动铁芯组成一个牵引电磁铁系统。交流接触器一般都有三对主触头和四对辅助触头。三对主触头接在主电路中，允许通过较大的电流，辅助触头接在控制电路中，只允许通过小电流，可完成一定的控制要求（如自锁、互锁等）。主触头额定电流在10A以上的接触器都有灭弧装置，以熄灭电弧。

当吸引线圈通电后，电磁系统即把电能转换为机械能，所产生的电磁吸力克服反作用弹簧与触头弹簧的反作用力，使铁芯吸合，并带动触头支架使动合触头接触闭合、动断触头分断，接触器处于得电状态。当吸引线圈失电或电压显著下降时，由于电磁吸力消失或过小，衔铁释放，在恢复弹簧作用下，衔铁和所有触头都恢复常态，接触器处于失电状态。

（2）交流接触器的选择

① 主触头的额定电压应大于或等于控制线路的额定电压。

② 主触头的额定电流应大于或等于负载的额定电流。

③ 选择线圈电压可选择380V或与控制电路电压一致。

（3）交流接触器的安装及使用注意事项

① 接触器安装前，应先检查线圈的额定电压等技术数据是否符合要求，然后将铁芯极面上的防锈油擦净，并用手分合接触器的可动部分，检查各触头是否良好。

② 接触器安装时，其底面与底面的倾斜度不得超过5°，否则会影响接触器的动作特性。若有散热孔，应使有孔两面放在上下方向，有利散热。

③ 因为分断负荷时有火花和电弧产生，开启式的接触器不能用于易燃易爆的场所和有

导电性粉尘多的场所，也不能在无防护措施的情况下在室外使用。

④ 使用时，应注意触头和线圈是否过热，三相主触头一定要保持同步动作，分断时电弧不得太大。

⑤ 交流接触器控制电机或线路时，必须与过电流保护器配合使用，接触器本身无过电流保护性能。

⑥ 短路环和电磁铁吸合面要保持完好、清洁。

⑦ 接触器安装在控制箱或防护外壳内时，由于散热条件差，环境温度较高，应适当降低容量使用。

3. 继电器

继电器是一种起传递信号作用的自动电器，广泛应用于电力拖动控制、电力系统保护和各类遥控以及通信系统中。继电器一般由输入感测机构和输出执行机构两部分构成；输入量可以是电压、电流等电量，也可以是温度、压力等非电量；输出执行机构用于接通或分断所控制或保护的电路。

继电器品种繁多，按用途可分为控制继电器和保护继电器；按输入物理量性质可分为电量（如电压、电流、频率、功率）继电器和非电量（如温度、压力、速度）继电器；按动作时间可分为瞬时继电器和延时继电器；按工作原理可分为电磁式继电器、机械式继电器、热继电器和电子式继电器。

（1）时间继电器　时间继电器是一种当线圈通电或断电后，其触点在经过预先设定好的时间之后才动作的一种控制电器。常用时间继电器的种类有：电磁式、电动式、空气式阻尼式及晶体管式等。空气阻尼式时间继电器结构简单、价格低廉、延时可调范围大、使用寿命长，但延时误差较大，适用于对延时精度要求不高的场合。它由电磁机构、延时机构和触头三部分组成，触头系统借用微动开关，延时机构是利用空气通过小孔的节流原理的气囊式阻尼器。图 4-10 为 JS7 系列空气阻尼式时间继电器原理结构，分通电延时型和断电延时型两类。

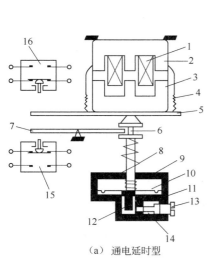
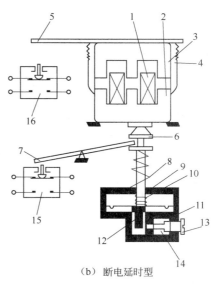

（a）通电延时型　　　　　　　　　　（b）断电延时型

图 4-10　JS7 系列时间继电器原理图

1—线圈；2—铁芯；3—衔铁；4—复位弹簧；5—推板；6—活塞杆；7—杠杆；
8—塔形弹簧；9—弱弹簧；10—橡皮膜；11—空气室壁；12—活塞；
13—调节螺杆；14—进气孔；15、16—微动开关

① 通电延时型。当线圈通电时，衔铁及推板被铁芯吸引而瞬时下移，使瞬时动作触点接通或断开。但是活塞杆和杠杆不能同时跟着衔铁一起下落，因为活塞杆的上端连着气室中的橡皮膜，当活塞杆在释放弹簧的作用下开始向下运动时，橡皮膜随之向下凹，上面空气室的空气变得稀薄而使活塞杆受到阻尼作用而缓慢下降。经过一定时间，活塞杆下降到一定位置，便通过杠杆推动延时触点动作，使动断触点断开，动合触点闭合。从线圈通电到延时触点完成动作，这段时间就是继电器的延时时间。延时时间的长短可以用螺钉调节空气室进气孔的大小来改变。吸引线圈断电后，继电器依靠恢复弹簧的作用而复原。空气经出气孔被迅速排出。

② 断电延时型。将电磁机构翻转180°安装后，可得到断电延时型时间继电器。需强调的是，微动开关是在吸引线圈断电后延时动作的。

（2）热继电器　热继电器是利用电流的热效应对电动机及其他电气设备进行过载、断相、电流不平衡运行保护的控制电器。

热继电器有多种结构形式，最常用的是双金属片结构，如图4-11所示为JR16系列热继电器的结构原理图及图形符号。

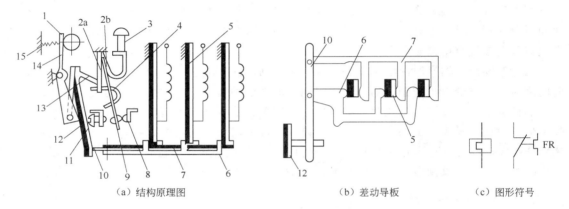

（a）结构原理图　　　　　　（b）差动导板　　　　　　（c）图形符号

图 4-11　JR16 热继电器结构原理示意图及图形符号

1—电流调节圈；2a，2b—片簧；3—手动复位按钮；4—弓簧片；5—主双金属片；6—外导板；

7—内导板；8—动断静触头；9—动触头；10—杠杆；11—动合静触头；

12—补偿双金属片；13—推杆；14—连杆；15—压簧

热继电器主要由热元件、触头、动作机构、复位按钮和调整整定电流装置等部分组成。它是利用电流热效应原理来工作的。工作时，热双金属片与热元件串接在电动机的主回路中，当发生三相平衡过载时，双金属片受热向左弯曲，推动外导板带动内导板向左移动，通过补偿双金属片及推杆，使动触头与常闭触头分开，切断电路而保护电动机。电源切断后，热双金属片逐渐冷却恢复原位，动触点靠弓簧片的弹性自动复位。

热继电器型号的选用应根据电动机的工作环境、启动情况、负载性质等因素来考虑。要注意以下几方面。

① 类型的选择。星形联结的电动机可选用二相或三相结构的热继电器，三角形接法的电动机应选用带断相保护装置的三相结构的热继电器。

② 热继电器的整定电流（实则为热元件额定电流）的选择。原则上按电动机的额定电流选取；但对过载能力较差的电动机，若启动条件允许，可按其额定电流的 60%～80% 选取。

③ 额定电压。选用时要求额定电压大于或等于触头所在线路的额定电压。

④ 热继电器一般用于轻载、不频繁启动的电动机的过载保护，对于重载频繁启动的电动机，不宜采用热继电器保护；

⑤ 因热元件受热变形需要时间，故热继电器不能作短路保护用。

【任务二】 常用低压电器的认识及使用

低压电器通常是指交流 1000V 及以下或直流 1200V 及以下的电器。根据它在电气线路中的地位和作用可分为低压配电电器和低压控制电器两大类。低压配电电器主要有开关、低压断路器、熔断器等。低压控制电器主要有主令电器、接触器、继电器等。要求掌握常用低压电器的识别及其结构、动作原理，掌握常用的低压电器的检测和拆装方法。

1. 材料准备

常用电工工具　　　1 套

万用表　　　　　　1 只

各种常用低压电器若干。

2. 训练步骤

（1）识别各种常用的低压电器　刀开关、转换开关、按钮、行程开关、交流接触器、中间继电器、时间继电器等。

（2）检验器材质量　在不通电的情况下，用万用表或肉眼检查各元器件各触点的分合情况是否良好，器件外部是否完整无缺；检查螺丝是否完好，是否滑丝；检查接触器的线圈电压与电源电压是否相符。

（3）拆装电器元件　刀开关、转换开关、按钮、行程开关、交流接触器、中间继电器、时间继电器等。

（4）自检

① 检查万用表的电阻挡是否完好、表内电池能量是否充足；

② 手动检查各活动部件是否灵活，固定部分是否松动，线圈阻值是否正确；

③ 检查各触点或各动作机构是否符合动作要求。

（5）通电试验　通电前必须自检无误并征得指导教师的同意，通电时必须有指导教师在场方能进行。在操作过程中应严格遵守操作规程以免发生意外。

【课题二】　三相异步电动机及控制电路

一、三相异步电动机的基本结构及工作原理

异步电动机是把交流电能转变为机械能的一种动力机械。它结构简单，制造、使用和维护简便，成本低廉，运行可靠，效率高，因此在工农业生产及日常生活中得以广泛应用。三相异步电机被广泛用来驱动各种金属切削机床、起重机、中、小型鼓风机、水泵及纺织机械等。

1. 三相异步电动机的结构

异步电动机主要有定子和转子两部分组成，这两部分之间由气隙隔开。根据转子结构不同，分成笼型和绕线型两种。图 4-12 为三相笼型异步电动机的结构。

（1）定子　定子由定子铁芯、定子绕组和机座三部分组成。

定子铁芯是电机磁路的一部分，它由 0.5mm 厚、两面涂有绝缘漆的硅钢片叠成，在其内圆冲有均匀分布的槽，槽内嵌放三相对称绕组。定子绕组是电机的电路部分，它用铜线缠

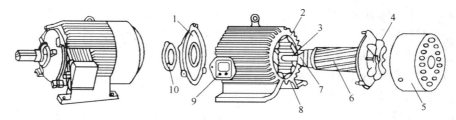

图 4-12　三相笼型异步电动机的结构

1—端盖；2—定子；3—转轴；4—风扇；5—罩壳；6—转子；7—轴承；8—机座；9—接线盒；10—轴承盖

绕而成，三相绕组根据需要可接成星（Y）形和三角（△）形，如图 4-13 所示，由接线盒的端子板引出。机座是电动机的支架，一般用铸铁或铸钢制成。

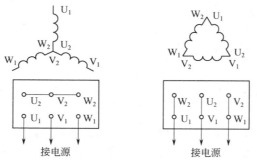

图 4-13　三相定子绕组的连接

（2）转子　转子由转子铁芯、转子绕组和转轴三部分组成，

转子铁芯也是由 0.5mm 厚、两面涂有绝缘漆的硅钢片叠成，在其外圆冲有均匀分布的槽，如图 4-14 所示，槽内嵌放转子绕组，转子铁芯装在转轴上。

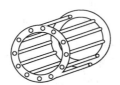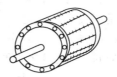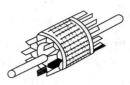

图 4-14　笼型转子

笼型转子绕组结构与定子绕组不同，转子铁芯各槽内都嵌有铸铝导条（个别电机有用铜导条的），端部有短路环短接，形成一个短接回路。去掉铁芯，形如一笼子，如图 4-15（a）所示。

绕线型转子绕组结构与定子绕组相似，在槽内嵌放三相绕组，通常为（Y）形联结，绕组的三个端线接到装在轴上一端的三个滑环上，再通过一套电刷引出，以便与外电路相连，如图 4-15 所示。

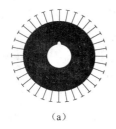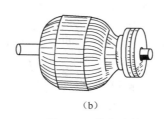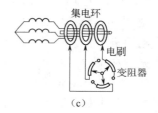

（a）　　　　　　　　　　（b）　　　　　　　　　　（c）

图 4-15　绕线式转子

转轴由中碳钢制成，其两端由轴承支撑着，用来输出转矩。

2. 三相异步电动机的工作原理

（1）旋转磁场 为便于分析，异步电动机的三相绕组用三个线圈 U_1-U_2、V_1-V_2、W_1-W_2 表示，它们在空间互差 120° 电角度，并接成 Y 形联结，如图 4-16（a）所示，图（a）为对称三相绕组。把三相绕组接到三相交流电源上，三相绕组便有三相对称电流流过。假定电流的正方向由线圈的始端流向末端，流过三相线圈的电流分别为：

$$i_U = I_m \sin\omega t$$
$$i_V = I_m \sin(\omega t - 120°)$$
$$i_W = I_m \sin(\omega t + 120°)$$

其波形如图 4-16（b）所示。

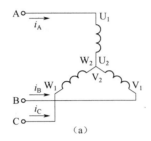 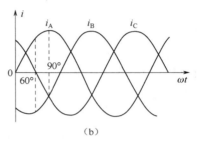

(a)　　　　　　　　　　(b)

图 4-16　三相对称电流

由于电流随时间作周期性变化，所以电流流过线圈产生的磁场分布情况也随时间作周期性变化，现研究几个瞬间，如图 4-17 所示。

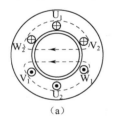 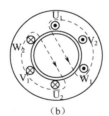 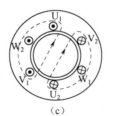 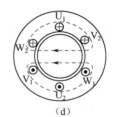

(a)　　　　　(b)　　　　　(c)　　　　　(d)

图 4-17　定子旋转磁场

① 当 $\omega t = 0°$ 瞬间，由图 4-16 看出，$i_U = 0$，U 相没有电流流过，i_V 为负，表示电流由末端流向首端（即 V_2 端为 $\otimes$，V_1 端为 $\odot$）；i_W 为正，表示电流由首端流入（即 W_1 端为 $\otimes$，W_2 端为 $\odot$），如图 4-17（a）所示。这时三相电流所产生的合成磁场方向由"右手螺旋定则"判得为水平向右，见图（a）所示。

② 当 $\omega t = 120°$ 瞬间，i_U 为正，$i_V = 0$，i_W 为负，用同样方式可判得三相合成磁场顺相序方向旋转了 120°，如图 4-17（b）所示。

③ 当 $\omega t = 240°$ 瞬间，i_U 为负，i_V 为正，$i_W = 0$，合成磁场又顺相序方向旋转了 120°，如图 4-17（c）所示。

④ 当 $\omega t = 360°$（即为 0°）瞬间，又转回到①的情况，如图 4-17（d）所示。

由此可见，三相绕组通入三相交流电流时，将产生旋转磁场。若满足两个对称（即绕组对称、电流对称），则此旋转磁场的大小便恒定不变（称为圆形旋转磁场），否则将产生椭圆形旋转磁场（磁场大小不恒定）。

由图 4-17 可看出，旋转磁场的旋转方向与相序方向一致，如果改变相序，则旋转磁场旋转方向也就随之改变。三相异步电动机的反转正是利用这个原理。

进一步分析还可得到其转速

$$n_1 = \frac{60f_1}{p}$$

式中，f_1 为电网频率；p 为磁极对数（n_1 单位为 r/min）。对已制成的电机，p 为常数，则 n_1 与 f_1 成正比，即决定旋转磁场转速的唯一因素是频率，故有时亦称 n_1 为电网频率所对应的同步转速。中国电网频率为 50Hz，故 n_1 与 p 具有如下关系。

p	1	2	3	4	4	6
n_1/（r/min）	3000	1500	1000	750	600	500

可见，同步转速是有级的。

（2）三相异步电动机转动原理　图 4-18 是三相异步电动机的工作原理图。

① 电生磁：定子三相绕组 U、V、W 通三相交流电流产生旋转磁场，其转向与相序一致，为顺时针方向，转速为 $n_1 = 60f_1/p$。假定该瞬间定子旋转磁场方向向下。

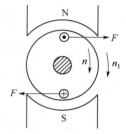

图 4-18　转子转动的原理图

②（动）磁生电：定子旋转磁场旋转切割转子绕组，在转子绕组产生感应电动势，其方向由"右手螺旋定则"确定。由于转子绕组自身闭合，便有电流流过，并假定电流方向与电动势方向相同，如图 4-18 中所示。

（3）电磁作用产生力（矩）：这时转子绕组感应电流在定子旋转磁场作用下，产生电磁力，其方向由"左手螺旋定则"判断，如图 4-18 所示。该力对转轴形成转矩（称电磁转矩），并可见，它的方向与定子旋转磁场（即电流相序）一致，于是，电动机在电磁转矩的驱动下，以 n 的速度顺着旋转磁场的方向旋转。

异步电动机转速 n 恒小于定子旋转磁场转速 n_1，只有这样，转子绕组与定子旋转磁场之间才有相对运动（转速差），转子绕组才能感应电动势和电流，从而产生电磁转矩。因而 $n \leqslant n_1$（有转速差）是异步电动机旋转的必要条件，异步的名称也由此而来。

定义异步电动机的转速差（$n_1 - n$）与旋转磁场转速 n_1 的比率，称为转差率，用 s 表示。

$$s = \frac{n_1 - n}{n_1}$$

转差率是分析异步电动机运行的一个重要参数，它与负载情况有关。当转子尚未转动（启动瞬间）时，$n_1 = 0$，$s = 1$；当转子转速接近于同步转速（空载运行）时，$n_1 \approx n$，$s \approx 0$。因此对异步电动机来说，s 是在 1～0 范围内变化。异步电动机负载越大，转速越慢，转差率就越大。负载越小，转速越快，转差率就越小。

在正常运行范围内，异步电动机的转差率很小，仅在 0.01～0.06 之间，可见异步电动机转速很接近旋转磁场转速。

3. 三相异步电动机的换向与转速

（1）三相异步电动机的换向　三相异步电动机的旋转方向取决于旋转磁场的旋转方向，并且两者的方向相同。只要改变旋转磁场的方向，就能使三相异步电动机反转。因此，将三相接线端中的任意两相接线端对调，改变三相顺序，就改变了旋转磁场的方向，从而实现三相异步电动机换向。

（2）三相异步电动机的转速

$$n = (1-s)n_1 = (1-s)\frac{60f_1}{p}$$

二、三相异步电动机的运行特性

（1）三相异步电动机的电磁转矩　由工作原理可知，异步电动机的电磁转矩是由与转子电动势同相的转子电流（即转子电流的有功分量）和定子旋转磁场相互作用产生的，可见电磁转矩与转子电流有功分量（I_{2a}）及定子旋转磁场的每极磁通（Φ_0）成正比，即

$$T = C_T \Phi_0 I_{2a} \cos\varphi_2$$

式中，C_T 为计算转矩的结构常数；$\cos\varphi_2$ 是转子回路的功率因数。

需说明的是当磁通一定时，电磁转矩与转子电流有功分量 I_{2a} 成正比，而并非与转子电流 I_2 成正比。当转子电流大，若大的是转子电流无功分量（并非是有功分量），则此时的电磁转矩就不大，启动瞬间就是这种情况。

经推导还可以算出电磁转矩与电动机参数之间的关系：

$$T_{em} = C_T U_1^2 \frac{sR_2}{R_2^2 + (sX_{20})^2}$$

式中，C_T 为电机结构常数；R_2 为转子绕组电阻；X_{20} 为转子不转时转子绕组感抗。可知，T_{em} 与 U_1 的平方成正比。可见电磁转矩对电源电压特别敏感，当电源电压波动时，转矩按 U_1^2 关系发生变化。

（2）三相异步电动机的机械特性　当 R_2、X_{20} 为常数时，$T_{em} = f_1(s)$ 之间的关系曲线称为 $T_{em}\text{-}s$ 曲线，如图 4-19 所示。

当电动机空载时，$n \approx n_1$，$s \approx 0$，故 $T_{em} = 0$；当 s 尚小时（$s = 0 \sim 0.2$），分母中 $(sX_{20})^2$ 很小，可略去不计，此时 $T_{em} \propto s$，故当 s 增大，T_{em} 也随之增大。当 s 大到一定值后，$(sX_{20})^2 \gg R_2$，R_2 可略去不计，此时 $T_{em} \propto 1/sX_{20}^2$，故 T_{em} 随 s 增大反而下降，$T_{em}\text{-}s$ 曲线由上升至下降过程中，必出现一最大值，此即为最大转矩 T_m。

由 $n = (1-s)n_1$ 关系，可将 $T_{em}\text{-}s$ 关系改为 $n = f(T_{em})$ 关系，此即为异步电动机的机械特性，如图 4-20 所示。因 n 与 T_{em} 均属机械量，故称此特性为机械特性，它直接反映了当电动机转矩变化时，转速的变化情况。

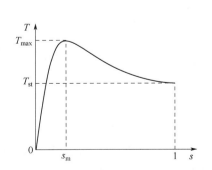

图 4-19　三相异步电动机的转矩特性曲线

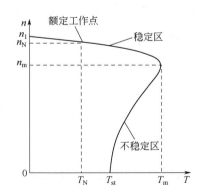

图 4-20　三相异步电动机的机械特性曲线

以最大转矩 T_m 为界，机械特性分为两个区，上边为稳定运行区，下边为不稳定运行区。当电动机工作在稳定区上某一点时，电磁转矩 T 能自动地与轴上的负载转矩 T_L 相平衡

（忽略空载损耗转矩）而保持匀速转动。如果负载转矩 T_L 变化，电磁转矩 T_L 将自动适应随之变化达到新的平衡而稳定运行。即电动机在稳定运行时，其电磁转矩和转速的大小都决定于它所拖动的机械负载。

异步电动机机械特性的稳定区比较平坦，当负载在空载与额定值之间变化时，转速变化不大，一般仅为 $1\% \sim 6\%$，这样的机械特性称为硬特性，三相异步电动机的这种硬特性很适合于金属切削机床等工作机械的需要。

如果电动机工作在不稳定区，则电磁转矩不能自动适应负载转矩的变化，因而不能稳定运行。例如负载转矩 T_L 增大，使转速 n 降低时，工作点将沿特性曲线下移，电磁转矩反而减小，会使电动机的转速越来越低，直到停转（堵转），当负载转矩 T_L 减小时，电动机转速又会越来越高，直至进入稳定区运行。

为正确使用异步电动机，除注意机械特性曲线上的两个区域外，还要关注三个特征转矩。

① 额定转矩 T_N。它是电动机额定运行时的转矩，可由铭牌上的 P_N 和 n_N 求得

$$T_N = 9550 \frac{P_N}{n_N}$$

式中，T_N 的单位为 N/m；P_N 的单位为 kW。

由上式知，当输出功率 P_N 一定时，额定转矩与转速成反比，也近似与磁极对数成正比（$n \approx n_1 = 60 f_1 / p$，故频率一定时，转速近似与磁极对数成反比）。因此，相同功率的异步电动机磁极对数越多，亦即转速越低，其额定转矩就越大。

图 4-20 中，$n = f(T_{em})$ 曲线中的额定转矩 T_N 和额定转速 n_N 所对应的点，称为额定工作点。异步电动机若运行于此点或附近，其效率及功率因数均较高。

【例 4-1】 有两台功率和额定电压都相同的三相异步电动机，一台的额定功率 $P_N = 7.5\text{kW}$，$U_N = 380\text{V}$，$n_N = 955\text{r/min}$，另一台 $n_N = 1450\text{r/min}$。试分别求它们的额定转矩。

解 第一台： $\quad T_N = 9550 \frac{P_N}{n_N} = 9550 \times \frac{7.5}{995} \text{N/m} = 75\text{N/m}$

第二台： $\quad T_N = 9550 \frac{P_N}{n_N} = 9550 \times \frac{7.5}{1432} \text{N/m} = 50\text{N/m}$

② 最大转矩 T_m。由图 4-20 曲线知，电动机有个最大转矩 T_m，令 $\frac{dT_{em}}{ds} = 0$，解得产生最大转矩的临界转差率

$$s_m = \frac{R_2}{X_{20}}$$

代入 $T_{em} = C_T U_1^2 \frac{sR_2}{R_2^2 + (sX_{20})^2}$，得

$$T_m = C_T \frac{U_1^2}{2X_{20}}$$

由上两式可知：① s_m 与 R_2 成正比，而与 U_1 无关；② T_m 与 U_1 的平方成正比，而与 R_2 无关。由此可以得到改变电源电压 U_1 和 R_2 的机械特性，如图 4-21 所示。

当电动机负载转矩大于最大转矩，电动机就要停转（故最大转矩也称停转转矩），此时电动机电流即刻能升至 $(5 \sim 7) I_N$，致使绕组过热而烧毁。

最大转矩对电动机的稳定运行有重要意义。当电动机负载突然增加，短时过载，短时接

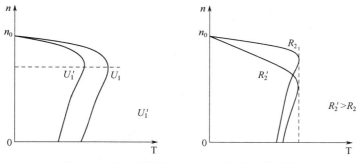

图 4-21 对应不同的 U_1 和 R_2 的机械特性曲线

近于最大转矩，电动机仍能稳定运行，由于时间短，也不至于过热。为保证电动机稳定运行，不因过载而停转，要求电动机有一定的过载能力。把最大转矩与额定转矩之比，称作过载能力，也称作最大转矩倍数，用 λ_T 表示，即

$$\lambda_T = \frac{T_m}{T_N}$$

一般三相异步电动机的 λ_T 在 1.8～2.2 范围。

③ 启动转矩 T_{st}。电动机刚启动瞬间，即 $n=0$，$s=1$ 时的转矩叫启动转矩。将 $s=1$ 时，得

$$T_{st} \approx C_T U_1^2 \frac{R_2}{R_2^2 + X_{20}^2}$$

可见，启动转矩也与电源电压、转子电阻有关。电源电压 U_1 降低，则启动转矩 T_{st} 减小。转子电阻适当增大，启动转矩增大。当转子电阻 $R_2 = X_{20}$ 时，$s_m = 1$，故此时 $T_{st} = T_m$。当 R_2 继续再增大，启动转矩又开始减小。

只有当启动转矩大于负载转矩时，电动机才能启动。启动转矩越大，启动就越迅速。由此引出电动机的另一个重要性能指标——启动转矩倍数 K_{st}。

$$K_{st} = \frac{T_{sT}}{T_N}$$

它反映电动机启动负载的能力。一般三相异步电动机的 $K_{st} = 1.0～2.2$。

三、三相异步电动机的铭牌

在异步电动机的机座上都装有一块铭牌，如图 4-22 所示，铭牌上标出了该电动机的一

三相异步电动机			
型号Y132M-4	编号		
7.5kW	15.4A		
380V	1440r/min	LW 78dB	
接法△	防护等级IP44	50Hz	81kg
标准编号	工作制S1	绝缘等级B	年 月
福建闽东电机厂			

图 4-22 三相异步电动机的铭牌数据

些数据，要正确使用电动机，必须看懂铭牌。

铭牌上的数据含义如下。

（1）型号　为了适应不同用途和环境的需要，电动机制成不同系列，各种系列用相应的型号表示，它由测评拼音、国际通用符号和阿拉伯数字三部分组成。

例如：Y160L-4，其中，Y 表示异步电动机；160 表示中心高度（mm）；L 表示机座类别（L 为长机座，M 为中机座，S 为短机座）；4 表示磁极数。

（2）额定功率 P_N　指电动机在额定状态下运行时，电动机转子轴上输出的机械功率，单位为 kW。

（3）额定电压 U_N　指电动机在额定状态下运行时，三相定子绕组应接的线电压值，单位为 V 或 kV。

（4）额定电流 I_N　指电动机在额定状态下运行时，三相定子绕组的线电流值，单位为 A。

（5）额定转速 n_N　指电动机在额定状态下运行时，电动机在运行时的转速，单位为 r/min。

（6）额定频率 f_N　指电动机正常工作时定子所接电源的频率，在中国均为 50Hz。

（7）接法　指电动机正常工作时定子绕组的连接方式，有 Y 形和 △ 形两种类型。

（8）绝缘等级　指电动机定子绕组所用的绝缘材料的等级。绝缘材料按耐热性能可分为 7 个等级，如表 4-1 所示。采用哪种绝缘等级的材料，决定于电动机的最高温度。如环境温度规定为 40℃，电动机的温升为 90℃，则最高允许温度为 130℃，需要 B 级绝缘材料。

表 4-1　绝缘材料等级

绝缘等级	Y	A	E	B	F	H	C
最高允许温度/℃	90	105	120	130	155	180	大于 180

（9）工作方式　为了适应不同的负载需要，电动机的工作方式按负载持续时间的不同，分为连续工作制、短时工作制和断续周期工作制。

四、三相异步电动机的基本控制电路

三相交流异步电动机的启动、调速、停车、反向，一般是由电气控制实现的，而这些电气控制是由一些常用的典型控制环节组合而成的，通常要用电气原理图来表示，包括主电路和辅助电路两部分。

1. 点动控制线路

生产机械在试车、检修或调整状态时都要用到点动控制。所谓点动控制，就是指按下按钮，电动机因通电而运转；松开按钮，电动机因断电而停转。其控制电路如图 4-23 所示。

它的主电路由三相电源开关 QS、熔断器 FU₁、交流接触器 KM 的主触点和电动机 M 组成，控制电路由熔断器 FU₂、按钮 SB 和交流接触器的线圈 KM 组成。

合上刀开关 QS 后，点动控制电路的动作原理和动作过程如下：

按下 SB→KM 线圈通电→KM 主触点闭合→电动机 M 转动

松开 SB→KM 线圈断电→KM 主触点断开→电动机 M 停转

2. 长动控制线路

生产机械在正常工作时常需连续运转，通常把对电动机长期工作的控制称为长动控制。其控制电路如图 4-24 所示。

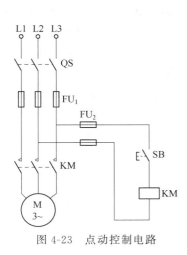

图 4-23　点动控制电路

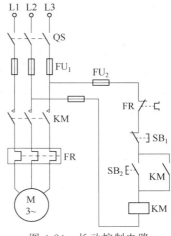

图 4-24　长动控制电路

它的主电路由三相电源开关 QS、熔断器 FU_1、交流接触器 KM 的主触点、热继电器 FR 的发热元件和电动机 M 组成，控制电路由熔断器 FU_2、启动按钮 SB_2、停止按钮 SB_1、交流接触器 KM 的常开辅助触点、热继电器 FR 的常闭触点和交流接触器的线圈 KM 组成。

合上刀开关 QS 后，长动控制电路动作原理和动作过程如下。

启动过程：

电动机通电运转后，若松开启动按钮 SB_2，KM 线圈仍可通过与 SB_2 并联的 KM 常开辅助触点保持通电，从而使电动机连续运转。这种依靠接触器自身的常开辅助触点使自身的线圈保持通电的电路称为自锁电路。起自锁作用的常开辅助触点称为自锁触点。

停止过程：按SB_1 ——→ KM线圈断电 ——→ KM主触点断开 ——→ 电动机M停转
　　　　　　　　　　　　　　　　└——→ KM常开辅助触点断开

3．正反转控制线路

实际生产过程中常常要求转动部件能正反两个方向运行，具有可逆性，如车床主轴的正转与反转、工作台的前进与后退、起重机吊钩的上升与下降等，这就要求拖动生产机械的电动机具有正、反转控制。要实现电动机的反向控制，只需将三相电源的相线任意对调两根（换相）即可。

图 4-25 所示电路，通过接触器 KM_1 和 KM_2 控制电动机的正转和反转，当 KM_1 的主触头闭合时，三相电源相序按 L1-L2-L3 接入，电动机正转；KM_2 接通时，电源相序按 L3-L2-L1 接入，电动机反转。

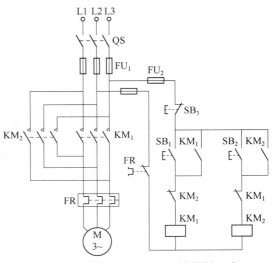

图 4-25　接触器联锁的正反转控制电路

为了防止 KM_1 和 KM_2 同时闭合而造成电源短路事故，在 KM_1 和 KM_2 线圈支路中相互串联了对方的一副常闭辅助触点，以保证接触器 KM_1 和 KM_2 不会同时通电，当按下 SB_1，KM_1 线圈通电时，KM_1 的辅助常闭触点断开，这时如果按下 SB_2，KM_2 的线圈也不会通电，这就保证了电路的安全。这种将一个接触器的辅助常闭触点串联在另一个接触器线圈的电路中，使两个接触器相互制约的控制称为联锁控制。利用接触器（或继电器）的辅助常闭触点的联锁，称接触器联锁或电气联锁。

合上刀开关 QS 后，接触器联锁正反转控制电路动作原理和动作过程如下。

正转控制过程：

反转控制过程：

五、三相异步电动机的降压启动控制电路

星形-三角形降压启动是指电动机启动时，把定子绕组接成星形，待转速上升到接近额定转速时再换接成三角形。这样实现降压启动的目的。星形连接时启动电流仅为三角形连接的 $1/3$，相应的启动转矩也是三角形连接的 $1/3$。所以这种降压启动方法，只适用于轻载或空载启动。图 4-26 所示为时间继电器自动切换 $Y/\triangle$ 降压启动控制线路。图中主电路通过三组接触器主触点将电动机的定子绕组接成三角形或星形，即 KM_1、KM_3 主触点闭合时，绕组接成星形；KM_1、KM_2 主触点闭合时，接成三角形。两种接线方式的切换要在很短的时间内完成，故采用时间继电器定时自动切换。合上刀开关 QS 后，$Y/\triangle$ 连接降压启动控制电路动作过程如下：

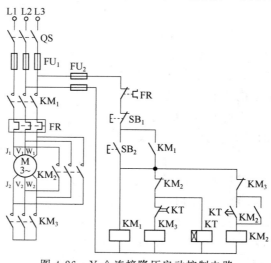

图 4-26　Y-$\triangle$ 连接降压启动控制电路

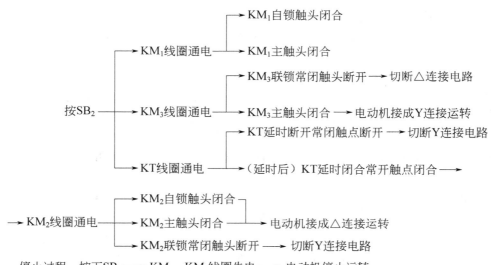

停止过程：按下SB₁ ⟶ KM₁、KM₂线圈失电 ⟶ 电动机停止运转

六、三相异步电动机的制动控制电路

许多生产机械工作时，为提高生产力和安全起见，往往需要快速停转或由高速运行迅速转为低速运行，这就需要对电动机进行制动。常用的制动方法有机械制动和电气制动。

1. 机械制动

利用机械摩擦力使电动机断开电源后迅速停转的方法叫做机械制动。常用的制动方法是电磁抱闸制动器制动。如图 4-27 所示为断电制动型电磁抱闸制动器的示意图。

其动作原理是：线圈得电后，衔铁被吸动并克服弹簧拉力，迫使制动杠杆向上移动，从而使闸瓦与闸轮分开，闸轮与电动机转子就可以自由转动。一旦线圈断电，衔铁释放并在弹簧的拉力下，迫使制动杠杆向下移动，闸瓦紧紧地将闸轮抱住，使电动机被迅速制动。

2. 电气制动

使电动机产生一个与旋转方向相反的电磁转矩（即制动转矩），并迅速停转的制动方法就是电气制动。常用的方法有反接制动、回馈制动、能耗制动。

（1）反接制动　异步电动机反接制动接线如图 4-28 所示。制动时将电源开关 Q 由"运转"位置切换到"制动"位置，把它的任意两相电源接线对调。由于电压相序反了，所以定子旋转磁场方向反了，而转子由于惯性仍继续按原方向旋转，这时转矩方向与电动机的旋转方向相反，成为制动转矩。

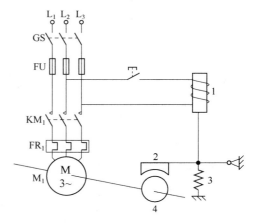

图 4-27　断电制动型电磁抱闸制动器的示意图
1—电磁铁；2—制动瓦；3—弹簧；4—闸轮

若制动的目的仅为停车。则在转速接近于零时，可利用某种控制电器将电源自动切除，否则电机将会反转。反接制动时，当转子的转速相对于反转旋转磁场的转速较大（$n+n_1$），因此电流较大。为了限制制动电流，较大容量电动机通常在定子电路（笼型）或转子电路

（绕线型）串接限流电阻。

　　这种方法制动比较简单，制动效果较好。在某些中型机床主轴的制动中常采用，但能耗较大。

　　（2）回馈制动　回馈制动发生在电动机转速大于定子旋转磁场转速 n_1 时，如当起重机下放重物时，重物拖动转子，使转速 $n>n_1$。这时转子绕组切割定子旋转磁场方向与原电动状态相反，则转子绕组感应电动势和电流方向也随之相反，电磁转矩方向也反了，即由与转向同向变为反向，成为制动转矩（如图 4-29 所示），使重物受到制动而匀速下降。实际上这台电动机已转入发电机运行状态，它将重物的势能转变为电能而回馈到电网，故称回馈制动。

　　前述变极调速电动机，当从高速（少极）调至低速（多极）瞬间，转子的转速高于多极的同步转速，就产生回馈制动作用，迫使电动机转速迅速下降。

　　（3）能耗制动　异步电动机能耗制动接线如图 4-30（a）所示。制动方法是在切断电源开关 Q_1 同时闭合开关 Q_2 触点，在定子两相绕组间通入直流电流。于是定子绕组产生一个恒定磁场，转子因惯性而旋转切割该恒定磁场，在转子绕组产生感应电动势和电流。由图 4-30（b）可判得，转子的载流导体与恒定磁场相互作用产生电磁转矩，其方向与转子转向相反，起制动作用，因此转速迅速下降，当转速下降至零时，转子感应电动势和电流也降至为零，制动过程结束。制动期间，运转部分所储藏的动能转变为电能消耗在转子回路的电阻上，故称能耗制动。

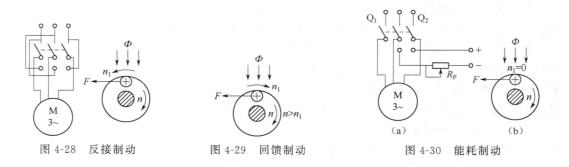

　　图 4-28　反接制动　　　　图 4-29　回馈制动　　　　图 4-30　能耗制动

　　对笼型异步电动机，可调节直流电流的大小来控制制动转矩的大小，对绕线型异步电动机，还可采用转子串电阻的方法来增大初始制动转矩。

　　能耗制动能量消耗小，制动平稳，广泛应用于要求平稳准确停车的场合，也可用于起重机一类机械上，用来限制重物下降速度，使重物匀速下降。

　　能耗制动是在三相异步电动机脱离三相交流电源后，将直流电源接入定子绕组，使定子绕组产生一个恒定的静止磁场，当电动机转子在惯性作用下继续旋转时，在转子中产生与其旋转方向相反的电磁转矩，对转子起制动作用，将电动机快速制动停车。图 4-31 所示为能耗制动控制电路原理图。制动时所需直流电源由二极管 VD 和限流电阻 R 所组成的整流电路提供。

　　合上开关 QS 后，能耗制动动作原理和动作过程如下：

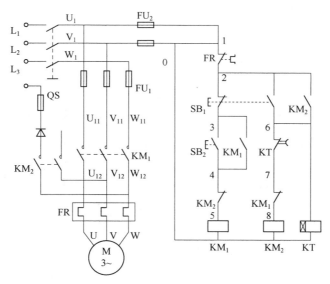

图 4-31　能耗制动控制电路原理图

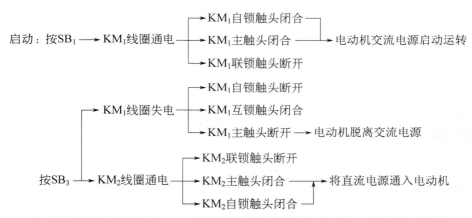

【任务三】　接触器连锁正反转控制线路的安装

三相交流异步电动机的启动、调速、停车、反向,一般是由电气控制实现的,而这些电气控制是有一些常用的典型控制环节组合而成的,通常要用电气原理图来表示,包括主电路和辅助电路两部分。要求掌握接触器连锁控制正反转线路动作原理、线路特点;掌握接触器连锁控制正反转的控制方法;掌握接触器连锁控制正反转的安装接线方法,并能排除简单故障。

1. 材料准备

万用表	1 块
三相异步电动机	1 台
交流接触器	2 个
闸刀开关	1 个
热继电器	1 个

控制板　　　　　　　1 块

熔断器　　　　　　　5 个

按钮　　　　　　　　3 个

导线若干

2. 实训步骤

（1）实验准备工作

① 熟悉开关、交流接触器、热继电器的
结构形式、动作原理及接线方法。

② 记录实验设备参数　将所使用的主要
实验电器的型号规格及额定参数记录下来，并
理解和体会各参数的实际意义。

（2）安装接线　按图 4-32 接线后，自己
先检查线路是否正确，经指导教师检查确认无
误后，方可进行实训操作。

（3）控制实验

① 合上闸刀开关，接通三相电源。

② 按下按钮 SB_1，电动机通电启动，观
察并记录电动机的旋转方向及运转情况。

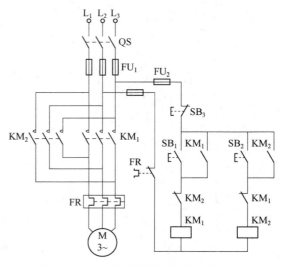

图 4-32　接触器连锁的正反转控制电路

③ 按下停止按钮 SB_3，观察并记录电动机的运转情况。

④ 按下按钮 SB_2，观察并记录电动机的旋转方向及运转情况。

【课题三】　　单相异步电动机

一、单相异步电动机的结构及工作原理

使用单相交流电源的异步电动机称为单相异步电动机。它在电风扇、洗衣机、电冰箱、
吸尘器及空调等家用电器以及各种医疗器械、小型机械和小功率的电动工具方面得到广泛应
用。单相异步电动机的工作原理与三相异步电动机相仿，其转子一般都是鼠笼式的，其定子
绕组通入交流电同样会产生旋转磁场，切割转子导体产生感应电动势和感应电流，从而形成
电磁转矩使转子转动。

单相异步电动机的特点在于定子绕组通入的是单相交流电，所产生的是一个空间位置固
定不变，而大小和方向随时间作正弦变化的脉动磁场。脉动磁场不能旋转，但它可以分解为
两个大小相等（包括磁感应强度和旋转的角速度）、旋转方向相反的旋转磁场。当转子静止
时，这两个旋转方向相反的旋转磁场对转子作用所产生的电磁转矩，同样也是大小相等、方
向相反，故电动机不能自行启动；当转子受到外力作用转动后，这两个旋转磁场对转子作用
所产生的电磁转矩就不相等，且外力方向的电磁转矩较大，因此外力消失后，电动机仍然可
以转动。

为了使单相异步电动机通电后能产生旋转磁场自行启动，必须再产生一个与此脉动磁场
频率相同、相位不同、在空间相差一定角度的另一脉动磁场，再与原脉动磁场合成为旋转磁
场。常用的方法有电容分相式和罩极式两种，下面介绍电容分相式单相电动机的结构和工作
原理。

　　电容分相式异步电动机在定子中放置两个在空间相隔 90° 的绕组 A 和 B，如图 4-33（a）所示，B 绕组串联适当的电容器 C 后与 A 绕组并联于单相交流电源上。电容器的作用是使通过的电流 I_B 超前于 I_A 接近 90°，这就是分相。

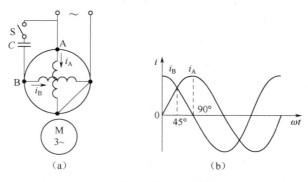

图 4-33　电容分相式异步电动机和两相电流

　　设两相绕组的电流分别为 $i_A = I_{Am}\sin\omega t$，$i_B = I_{Bm}\sin(\omega t + 90°)$，它们的波形图如图 4-33（b）所示，即把单相交流电变为两相交流电。这样的两相交流电流产生的两个脉动磁场相合成的磁场，也是一个旋转磁场，其原理如图 4-34（a）、（b）、（c）所示。在此旋转磁场的作用下，笼式转子就会顺着同一方向转动起来。单相交流电产生的脉动磁场虽然不能使转子启动，但一旦启动以后，却能产生电磁转矩使转子继续运转。因此电容分相式电动机启动后，绕组 B 可以留在电路中，也可用离心开关在转速上升到一定数值后切除，这时只留下绕组 A 工作，但仍可继续带动负载运转。所以，绕组 A 叫工作绕组，绕组 B 叫启动绕组。

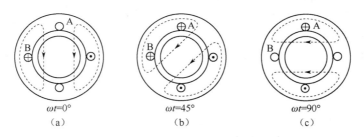

图 4-34　两相旋转磁场

　　除用电容来分相外，也可用电感和电阻来分相。工作绕组的电阻少，匝数多（电感大）；启动绕组的电阻大，匝数少（电感小），以达到分相的目的。

二、单相异步电动机的应用

1. 单相异步电动机换向

　　电容分相式电动机也可反向运行，这只要利用一个转换开关将工作绕组与启动绕组互换即可，如图 4-35 所示。当开关 S 合在位置 1 时，电容器 C 与 B 绕组串联，绕组 B 为启动绕组，绕组 A 为工作绕组，电流 I_B 超前于 I_A 接近 90°，电动机正转；当开关 S 合在位置 2 时，C 与 A 绕组串联，绕组 A 为启动绕组，绕组 B 为工作绕组，电流 I_B 滞后于 I_A 接近 90°，电动机反转。因为旋转磁场的转向是由两个绕组中电流的相序决定的，所以只要调换一个绕组与电容器 C 串联，就可以改变电容分相

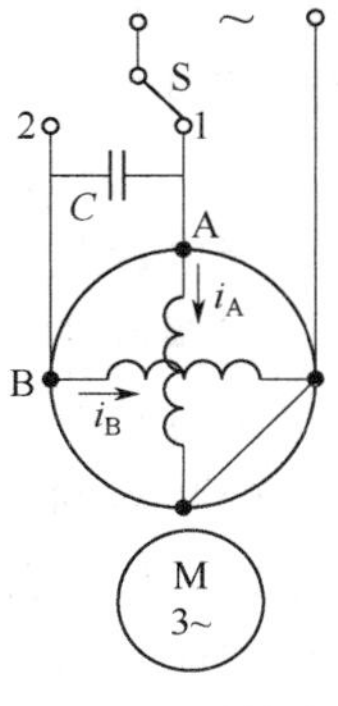

图 4-35　正反转电路

式电动机的转向。洗衣机中的电动机靠定时器自动转换开关，使波轮周期性地改变旋转方向，就是这个原理。

2. 单相异步电动机调速

（1）电抗器调速　　电抗器调速是在单相电动机电路中串入一个电抗器，通过调节电抗线圈的匝数多少来达到调速目的。电抗器是一只带有铁芯的电感线圈，中间有几个抽头，可用于调速。风扇电机普遍采用这种调速方法。当"调速"开关打在快速挡时，电抗器中只有一小部分线圈串入风扇电动机电路，电源电压基本上全部加在电动机的绕组上，因此，风扇转速最快，获得风量也最大。

当"调速"开关打在中速挡，则有更多电抗线圈串入电动机电路中，由于线圈的电抗作用降低了加在电动机绕组上的电压，降低了旋转磁场的强度，从而使转速变慢，风量减少。

当"调速"开关打在慢速挡，全部电抗线圈串入电动机电路中，风扇电动机上的电压更低、磁场强度更弱，转速更慢，获得风量最少。

电抗器调速法的优点是结构简单、调速明显、制造容易且维修方便，其缺点是需专门附加一只电抗器，成本较高。

（2）电容调速　　利用在主、副绕组中串联电容来进行调速的，称为电容调速。电路中电容的降压、移相作用，通过改变串联电容器的容量大小，改变容抗和电路中的电流以及定子磁场的强弱，从而达到改变转矩和转速的目的。一般串联电容量减少，容抗增加，使电流减少，定子磁场的强度减弱，从而转速下降。

图 4-36 所示为电容调速电原理图。该种电路的优点是结构简单、调速可靠、功耗小且效率高。缺点是成本较高，目前应用还不太广泛。

（3）变磁极调速　　变磁极调速是根据电动机的转速公式为：$n = 60f(1-s)/p$

利用电动机的转速 n 与磁极对数 p 成反比的原理进行调速的。

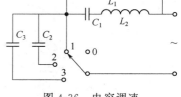

图 4-36　电容调速

中国电源频率 f 为 50Hz。若电动机定子绕组做成两极，则转速 n 为 3000r/min；若电动机定子绕组做成 4 极，则转速 n 为 1500r/min；若电动机定子绕组做成 6 极，则转速 n 为 1000r/min。

例如，空调器中的风扇电动机通常采用变磁极调速的方法。在电动机的定子绕组中设计了两组线圈，其中一组线圈构成 6 极电动机，当它通电时，电动机低速运转，空调器执行"低冷"功能，另一组线圈构成 4 极电动机，当它通电时，电动机高速运转，空调器执行"高冷"功能。

（4）变频调速　　变频调速是根据电动机的转速公式为：$n = 60f(1-s)/p$ 利用电动机转速 n 与电源频率 f 成正比的原理进行调速的。

变频调速是在电动机前面加装一只变频器，把来自电网的 50Hz 交流电能，改变频率后提供给电动机。从而实现变频调速的目的。

变频器的频率可在 30～125Hz 范围内自动调节。由于变频技术日益成熟，变频设备成本也大幅度下降，所以变频高速在空调器、冰箱甚至风扇上得到广泛使用。

变频技术可分为交流变频技术与直流变频技术两种。直流变频技术比交流变频技术更节能、更优越。

【课题四】 变压器

一、变压器的结构及工作原理

变压器具有变换电压、电流、阻抗和隔离的作用，是一种常见的电气设备，它的种类很多，在电力系统和电子线路中应用十分广泛。例如，在电力系统中，用电力变压器把发电机发出的电压升高后进行远距离输电，到达目的地以后再用变压器把电压降低供用户使用；在实验室中，用自耦变压器改变电源电压；在测量上，利用仪用互感器扩大对交流电压、电流的测量范围；在电子设备和仪器中，用小功率电源变压器提供多种电压，用耦合变压器传递信号并隔离电路上的联系等等。变压器虽然大小悬殊，用途各异，但其基本结构和工作原理是相同的。

1. 变压器的基本结构和类型

变压器由铁芯和绕组两大部分组成，图4-37（a）和（b）分别是它的结构示意图和图形符号。这是一个简单的双绕组变压器，在一个闭合的铁芯上套有两个绕组，绕组与绕组之间以及绕组与铁芯之间都是绝缘的。绕组通常用绝缘的铜线或铝线绕成，与电源相连的绕组，称为原绕组；与负载相连的绕组，称为副绕组。为了减少铁芯中的磁滞损耗和涡流损耗，变压器的铁芯大多用（0.35～0.5）mm厚的硅钢片叠成，为了降低磁路的磁阻，一般采用交错叠装方式，即将每层硅钢片的接缝错开。

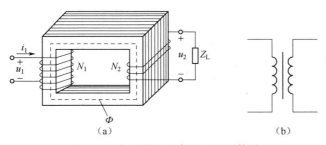

图 4-37 变压器的示意图和图形符号

变压器按铁芯和绕组的组合形式，可分为芯式和壳式两种，如图4-38所示。芯式变压

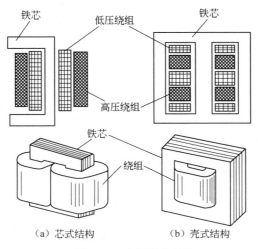

（a）芯式结构　　　　（b）壳式结构

图 4-38 变压器的结构

器的铁芯被绕组所包围，而壳式变压器的铁芯则包围绕组。芯式变压器用铁量比较少，多用于大容量的变压器，如电力变压器都采用芯式结构；壳式变压器用铁量比较多，但不需要专门的变压器外壳，常用于小容量的变压器，如各种电子设备和仪器中的变压器多采用壳式结构。变压器按冷却方式又可分为自冷式和油冷式（常用于三相变压器中）两种，在自冷式变压器中，热量依靠空气的自然对流和辐射直接散发到周围空气中。当变压器的容量较大时常采用油冷式，此时变压器的铁芯和绕组全部浸在变压器油内，使其产生的热量通过变压器油传给箱壁而散发到空气中去。

2. 变压器的工作原理

（1）电压变换　变压器的原绕组接交流电压 u_1 且副绕组开路时的运行状态称为空载运行，如图 4-39 所示。这时副绕组中的电流 $i_2 = 0$，开路电压用 u_{20} 表示。原绕组中通过的电流为空载电流 i_{10}，各量的参考方向如图所示。图中 N_1 为原绕组的匝数，N_2 为副绕组的匝数。

由于副绕组开路，这时变压器的原绕组电路相当于一个交流铁芯线圈电路，通过的空载电流 i_{10} 就是励磁电流，且产生磁动势 $i_{10}N_1$，此磁动势在铁芯中产生的主磁通 Φ 通过闭合铁芯，既穿过原绕组，也穿过副绕组，于是在原绕组和副绕组中分别感应出电动势 e_1 和 e_2。e_1 及 e_2 与 Φ 的参考方向之间符合右手螺旋定则时，由法拉第电磁感应定律可得

$$e_1 = -N_1 \frac{\mathrm{d}\Phi}{\mathrm{d}t} \quad 和 \quad e_2 = -N_2 \frac{\mathrm{d}\Phi}{\mathrm{d}t}$$

可得 e_1 和 e_2 的有效值分别为

$$E_1 = 4.44 f N_1 \Phi_\mathrm{m} \quad 和 \quad E_2 = 4.44 f N_2 \Phi_\mathrm{m}$$

其中，f 为交流电源的频率；Φ_m 为主磁通 Φ 的最大值。

由于铁芯线圈电阻 R 上的电压降 iR 和漏磁通电动势 e_0 都很小，均可忽略不计，故原、副绕组中的电动势 e_1 和 e_2 的有效值近似等于原、副绕组上电压的有效值，即

$$U_1 \approx E_1 \text{ 和 } U_{20} \approx E_2$$

所以可得

$$\frac{U_1}{U_{20}} \approx \frac{E_1}{E_2} = \frac{N_1}{N_2} = K_\mathrm{u}$$

所以变压器空载运行时，原、副绕组上电压的比值等于两者的匝数比，这个比值 K_u 称为变压器的变压比。变压器可以把某一数值的交流电压变换为同频率的另一数值的电压，这就是变压器的电压变换作用。当原绕组匝数 N_1 比副绕组匝数 N_2 多时，$K_\mathrm{u} > 1$，这种变压器称为降压变压器；反之，原绕组匝数 N_1 比副绕组匝数 N_2 少时，$K_\mathrm{u} < 1$，这种变压器称为升压变压器。

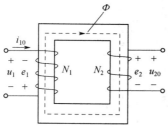

图 4-39　变压器的空载运行

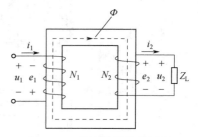

图 4-40　变压器的负载运行

（2）电流变换　如果变压器的副绕组接上负载，则在副绕组感应电动势 e_2 的作用下，副绕组将产生电流 i_2。这时，原绕组的电流将由 i_{10} 增大为 i_1，如图 4-40 所示。副绕组电

流 i_2 越大，原绕组电流 i_1 也就越大。由副绕组电流 i_2 产生的磁动势 i_2N_2 也要在铁芯中产生磁通，即这时变压器铁芯中的主磁通应由原、副绕组的磁动势共同产生。

由 $U_1 = E_1 = 4.44fN_1\Phi_m$ 可知，在原绕组的外加电压（电源电压 U_1）和频率 f 不变的情况下，主磁通 Φ_m 基本保持不变。因此，有负载时产生主磁通的原、副绕组的合成磁通势（$i_1N_1 + i_2N_2$）应和空载时产生主磁通的原绕组的磁通势（i_0N_1）基本相等，用公式表示，即

$$(i_1N_1 + i_2N_2) = (i_0N_1)$$

如用相量表示，则为

$$I_1N_1 + I_2N_2 = I_{10}N_1$$

这一关系称为变压器的磁动势平衡方程式。

由于原绕组空载电流较小，约为额定电流的 10%，所以 $I_{10}N_1$ 与 I_1N_1 相比，可忽略不计，即

$$I_1N_1 \approx -I_2N_2$$

由上式可得原、副绕组电流有效值的关系为

$$\frac{I_1}{I_2} \approx \frac{N_2}{N_1} = \frac{1}{K_u}$$

此时，若漏磁和损耗忽略不计，则有

$$\frac{U_1}{U_2} \approx \frac{N_1}{N_2} = K_u$$

从能量转换的角度来看，当副绕组接上负载后，出现电流 i_2，说明副绕组向负载输出电能，这些电能只能由原绕组从电源吸取，然后通过主磁通传递到副绕组。副绕组负载输出的电能越多，原绕组向电源吸取的电能也越多。因此，副绕组电流变化时，原绕组电流也会相应地变化。

【例 4-2】 已知某变压器 $N_1 = 1000$，$N_2 = 200$，$U_1 = 200\text{V}$，$I_2 = 10\text{A}$。若为纯电阻负载，且漏磁和损耗忽略不计。求 U_2、I_1、输入 P_1 和输出功率 P_2。

解 因为 $\quad K_u = N_1/N_2 = 5$

所以 $\quad U_2 = U_1/K_u = 40\text{V}$

$\qquad\qquad I_1 = I_2/K_u = 2\text{A}$

输入功率 $\quad P_1 = U_1I_1 = 400\text{W}$

输出功率 $\quad P_2 = U_2I_2 = 400\text{W}$

（3）阻抗变换作用 变压器除了有变压和变流的作用外，还有变换阻抗的作用，以实现阻抗匹配。图 4-41（a）所示的变压器原绕组接电源 U_1，副绕组的负载阻抗模为 $|Z|$，对于电源来说，图中虚线框内的电路可用另一个阻抗模 $|Z|$ 来等效代替，如图 4-41（b）所

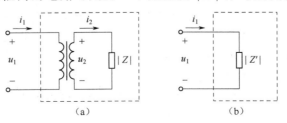

图 4-41 变压器的负载阻抗变换

示。所谓等效，就是它们从电源吸取的电流和功率相等，即接在电源上的阻抗模 $|Z'|$ 和接在变压器副绕组的负载阻抗模 $|Z|$ 是等效的。当忽略变压器的漏磁和损耗时，等效阻抗可通过下面计算得出。

$$|Z'| = K_u^2 |Z|$$

原、副绕组电压比 K_u（又称匝数比）不同时，负载阻抗模 $|Z|$ 折算到原绕组的等效阻抗模 $|Z'|$ 也不同。通过选择合适的电压比 K_u，可以把实际负载阻抗模变换为所需的、比较合适的数值，这就是变压器的阻抗变换作用。在电子电路中，为了提高信号的传输功率，常用变压器将负载阻抗变换为适当的数值，即阻抗匹配。

【例 4-3】 已知某交流信号源的电压 $U_s = 10V$，内阻 $R_0 = 200\Omega$，负载 $R_L = 8\Omega$，且漏磁和损耗忽略不计。

① 若将负载与信号源直接相连，求信号源的输出功率为多大？

② 若要负载上的功率达到最大，且用变压器进行阻抗变换，则变压器的匝数比应为多大？此时信号源的输出功率又为多大？

解　① $P = I^2 R_L = \left[\dfrac{U_s}{R_0 + R_L} \right]^2 = \left[\dfrac{10}{200 + 8} \right]^2 \times 8 = 0.0185 \mathrm{W}$

② 变压器把负载 R_L 进行阻抗变换

$$R'_L = R_0 = 200\Omega$$

所以变压器的匝数比应为

$$\frac{N_1}{N_2} = \sqrt{\frac{R'_L}{R_L}} = \sqrt{\frac{200}{8}} = 5$$

此时信号源的输出功率为

$$P = I^2 R_L = \left(\frac{10}{200 + 200} \right)^2 \times 200 = 0.125 \mathrm{W}$$

3. 变压器的应用

正确地使用变压器，不仅能保证变压器正常工作，并能使其具有一定的使用寿命，因此必须了解变压器的技术指标和额定值。变压器的额定值如下。

① 原边额定电压 U_{1N}：指原边绕组应当施加的正常电压。

② 原边额定电流 I_{1N}：指在 U_{1N} 作用下原边绕组允许通过电流的限额。

③ 副边额定电压 U_{2N}：指原边为额定电压 U_{1N} 时副边的空载电压。

④ 副边额定电流 I_{2N}：指原边为额定电压时，副边绕组允许长期通过的电流限额。

⑤ 额定容量 S_N：指变压器输出的额定视在功率。对单相变压器：$S_N = U_{2N} I_{2N} = U_{1N} I_{1N}$。

⑥ 额定频率 f_N：指电源的工作频率。中国的工业频率是 50Hz。

⑦ 变压器的效率 η_N：指变压器的输出功率 P_{2N} 与对应的输入功率 P_{1N} 的比值，通常用小数或百分数表示。

前面对变压器的讨论均忽略了其各种损耗，而变压器是典型的交流铁芯线圈电路，其运行时原边和副边必然有铜损和铁损，所以实际上变压器并不是百分之百地传递电能。大型电力变压器的效率可达 99%，小型变压器的效率约为 60%～90%。

⑧ 电压调整率：电压调整率也是变压器的一个重要的技术指标，它是指变压器由空载到满载（输出额定电流）时，副绕组电压的相对变化量，可表示为

$$\Delta U\% = \frac{U_{20} - U_2}{U_{20}} \times 100\%$$

变压器副绕组的电阻压降和漏磁感应电动势都很小，所以加负载后 U_2 的变化不大，电压调整率约为 $3\% \sim 6\%$。

二、变压器的种类及特性

1. 仪用互感器

仪用互感器是电工测量中经常使用的一种专用双绕组变压器，它用于扩大测量仪表的量程和用于控制、保护电路特殊用途的变压器。仪用互感器按用途不同可分为电压互感器和电流互感器两种。

（1）电压互感器　电压互感器是常用来扩大电压测量范围的仪器，图 4-42（a）为其外形图，（b）为电路图。其原绕组匝数（N_1）多，与被测的高压电网并联；副绕组匝数（N_2）少，与电压表或功率表的电压线圈联接。因为电压表或功率表的电压线圈电阻很大，所以电压互感器副绕组电流很小，近似于变压器的空载运行，根据电压变换原理可得：

$$U_1 = \frac{N_1}{N_2}U_2 = K_u U_2$$

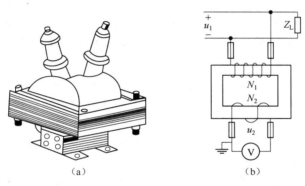

（a）　　　　　　　　　　　（b）

图 4-42　电压互感器

由前面内容可知，将测得的副绕组电压 U_2 乘以变压比 K_u，便是原绕组高压侧的电压 U_1，故可用低量程的电压表去测量高电压。通常电压互感器不论其额定电压是多少，其副绕组额定电压皆为 100V，可采用统一的 100V 标准电压表。因此，在不同电压等级的电路中所用的电压互感器，其电压比是不同的，其原绕组的额定电压应选得与被测线路的电压等级相一致，例如 6000/100、10000/100 等。

使用电压互感器时，其铁芯、金属外壳及副绕组的一端都必须可靠接地。因为当原、副绕组间的绝缘层损坏时，副绕组将出现高电压，若不接地，则会危及运行人员的安全。此外，电压互感器的原、副绕组一般都装有熔断器作为短路保护，以免电压互感器副绕组发生短路事故后，极大的短路电流烧坏绕组。

（2）电流互感器　电流互感器是常用来扩大电流测量范围的仪器，图 4-43（a）为其外形图，图（b）为电路图。它的原绕组匝数（N_1）少，有的则直接将被测回路导线作原绕组，与被测量的主线路相串联，流过原绕组的电流为主线路的电流 I_1；它的副绕组匝数（N_2）较多，导线较细，与电流表或功率表的电流线圈串联，流过整个闭合的副绕组的电流为 I_2。根据电流变换原理可得

$$I_1 = \frac{N_2}{N_1}I_2 = K_i I_2$$

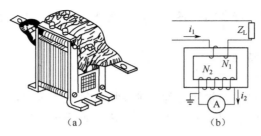

（a）　　　　　　　　　（b）

图 4-43　电流互感器

由前面内容可知，将测得的副绕组电流 I_2 乘以变流比 K_i，便是原绕组被测主线路的电流 I_1 的值，故可用低量程的电流表去测量大电流。通常电流互感器不论其额定电流是多少，其副绕组额定电流都为 5A，可采用统一的 5A 标准电流表。因此，在不同电流等级的电路中所用的电流互感器，其电流比是不同的，其原绕组的额定电流值应选得与被测主线路的最大工作电流值等级相一致，例如 30/5、50/5、100/5 等。

与电压互感器一样，使用电流互感器时，为了安全起见，其铁芯、金属外壳及副绕组的一端都必须可靠接地，以防止当原、副绕组间的绝缘层损坏时，副绕组上出现高电压，若不接地，则会危及运行人员的安全。此外，电流互感器在运行中不允许其副绕组开路，因为它正常工作时，流过其原绕组的电流就是主电路的负载电流，其大小决定于供电线路上负载的大小，而与副绕组的电流几乎无关，这点和普通变压器是不同的。正常工作时，磁路的工作主磁通由原、副绕组的合成磁势（$I_1N_1 + I_2N_2$）产生，因为磁动势 I_1N_1 和 I_2N_2 是相互抵消的，故合成磁势和主磁通值都较小。当副绕组开路时，则 I_2N_2 为零，合成磁势变为 I_1N_1，主磁通将急剧增加，使铁损剧增，铁芯过热而烧毁绕组；同时副绕组会感应出很高的过电压，危及绕组绝缘和工作人员的安全。

图 4-44 为钳形电流表，其中图（a）为其外形图，图（b）为电路图。用它来测量电流时不必断开被测电路，使用十分方便，它是一种特殊的配有电流互感器的电流表。电流互感器的钳形铁芯可以开合，测量电流时先按下扳手，使可动铁芯张开，将被测电流的导线放在铁芯中间，再松开扳手，让弹簧压紧铁芯，使其闭合。这样，该导线就成为电流互感器的原绕组，其匝数 $N = 1$。电流互感器的副绕组绕在铁芯上并与电流表接成闭合回路，可从电流表上直接读出被测电流的大小。

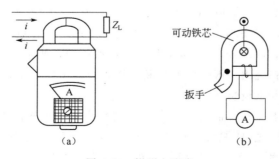

（a）　　　　　　　　　（b）

图 4-44　钳形电流表

2. 自耦变压器

如果变压器的原、副绕组共用一个绕组，其中副绕组为原绕组的一部分（如图 4-45 所示），这种变压器叫自耦变压器。由于同一主磁通穿过原、副绕组，所以原、副绕组电压之

比仍等于它们的匝数比，电流之比仍等于它们的匝数比的倒数，即

$$\frac{U_1}{U_{20}} = \frac{U_1}{U_2} = \frac{N_1}{N_2} = K_u, \quad \frac{I_1}{I_2} = \frac{N_2}{N_1} = \frac{1}{K_u}$$

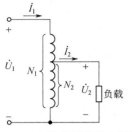

图 4-45 自耦变压器的电路图

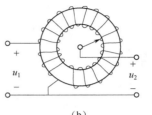
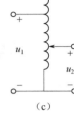

(a)   (b)   (c)

图 4-46 自耦调压器的外形、示意图和表示符号

与普通变压器相比，自耦变压器用料少、重量轻、尺寸小，但由于原、副绕组之间既有磁的联系又有电的联系，故不能用于要求原、副绕组电路隔离的场合。在实用中，为了得到连续可调的交流电压，常将自耦变压器的铁芯做成圆形，副绕组抽头做成滑动触头，可以自由滑动，如图 4-46 (a)、(b)、(c) 分别为它的外形、示意图和表示符号。当用手柄移动触头的位置时，就改变了副绕组的匝数，调节了输出电压的大小。这种自耦变压器又称为调压器，常用于实验室中交流调压。使用自耦调压器时应注意以下几点。

① 原绕组输入端接电源相线，公共端接电源中线。原、副绕组不能对调使用，否则可能会烧坏绕组，甚至造成电源短路。

② 接通电源前，先将滑动触头移至零位，接通电源后再逐渐转动手柄，将输出电压调到所需值。用完后，再将手柄转回零位，以备下次安全使用。

③ 输出电压无论多低，其电流不允许大于额定电流。

3．小功率电源变压器

在各种仪器设备中提供所需电源电压的变压器，一般容量和体积都很小，称为小功率电源变压器。为了满足不同部件的需要，这种变压器常含有多个副绕组，可从副绕组获得多个不同的电压。例如，图 4-47 所示为具有三个副绕组的小功率电源变压器。

4．电焊变压器

电焊变压器是作电焊电源用的变压器。按焊接方式可分为弧焊变压器和阻焊变压器两类。下面简单介绍弧焊变压器。

弧焊变压器：弧焊是通过电弧产生的热量熔化焊件接头处而实现焊接。为了保证焊接质量和电弧的稳定性，弧焊变压器必须具有如图 4-48（弧焊变压器的外特性）所示的陡降外特性。

弧焊变压器在空载时，变压器副边输出起弧需要的电压（约 $60 \sim 80\text{V}$）。当工作时，焊件内有电流通过，形成电弧。电

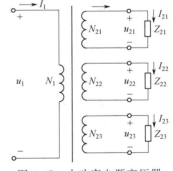

图 4-47 小功率电源变压器

抗器起限流作用，并产生电压降，使焊枪与焊件间的电压降低，形成陡降的外特性。为了维持电弧，工作电压通常约为 $2.5 \sim 30\text{V}$。当电弧长度变化时，电流变化比较小，可保证焊接质量和电弧的稳定。为了满足大小不同、厚度不同的焊件对焊接电流的要求，可调节电抗器活动铁芯的位置，即改变电抗器磁路中的空气隙，使电抗随之改变，以调节焊接电流。

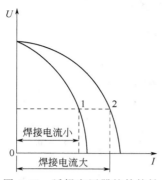

图 4-48　弧焊变压器的外特性

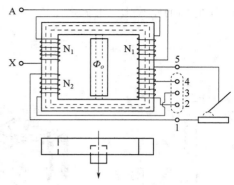

图 4-49　增强漏磁式电焊变压器原理图

实际上的弧焊变压器常采用增强漏磁式，如图 4-49 所示。它与普通变压器不同，其副绕组分成两部分。其中一部分有中间抽头 4，3 与 4 连接是大电流，3 与 2 连接是小电流。中间的活动铁芯是用来调节漏磁。它的漏磁通比普通变压器大许多倍，而且漏磁通绝大多数从活动铁芯通过。所以这种变压器又称磁分路电焊变压器。当磁分路铁芯向前移出时，磁阻增大，漏磁通减小，因而漏抗变小，使电焊变压器的工作电流增大；反之，工作电流减小。这样，可调节焊接电流。

三、变压器的铭牌

为了使变压器安全、经济、合理地运行，同时让用户对变压器的性能有所了解，制造厂家对每一台变压器都安装了一块铭牌，上面标明了变压器型号及各种额定数据，只有理解铭牌上各种数据的含义，才能正确地使用变压器。

图 4-50 所示的变压器是配电站用的降压变压器，将 10kV 的高压降为 400V 的低压，供三相负载使用。铭牌中的主要参数说明如下。

电力变压器					
产品型号 S7-500/10 标准代号XXXX					
额定容量 500kV·A 产品代号XXXX					
额定电压 10kV 出厂序号XXXX					
额定频率 50Hz 3相	开关位置	高压		低压	
联结组标号 Y，yn0		电压/V	电流/A	电压/V	电流/A
阻抗电压 4%	I	10500	27.5		
冷却方式 油冷	II	10000	28.9	400	721.7
使用条件 户外	III	9500	30.4		
XX变压器厂 XX年XX月					

图 4-50　变压器的铭牌

1. 型号

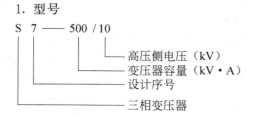

2. 额定电压 U_{1N} 和 U_{2N}

高压侧（一次绕组）额定电压 U_{1N} 是指加在一次绕组上的正常工作电压值。它是根据变压器的绝缘强度和允许发热等条件规定的。高压侧标出的三个电压值，可以根据高压侧供电电压的实际情况，在额定值的 ±5% 范围内加以选择，当供电电压偏高时可调至 10500V，偏低时则调至 9500V，以保证低压侧的额定电压为 400V 左右。

低压侧（二次绕组）额定电压 U_{2N} 是指变压器在空载时，高压侧加上额定电压后，二次绕组两端的电压值。变压器接上负载后，二次绕组的输出电压 U_2 将随负载电流的增加而下降，为保证在额定负载时能输出 380V 的电压，考虑到电压调整率为 5%，故该变压器空载时二次绕组的额定电压 U_{2N} 为 400V。在三相变压器中，额定电压均指线电压。

3. 额定电流 I_{1N} 和 I_{2N}

额定电流是指根据变压器容许发热的条件而规定的满载电流值。在三相变压器中额定电流是指线电流。

4. 额定容量 S_N

额定容量是指变压器在额定工作状态下，二次绕组的视在功率，其单位为 kV·A。

5. 联结组标号

指三相变压器一、二次绕组的连接方式。Y（高压绕组作星形联结）、y（低压绕组作星形联结）；D（高压绕组作三角形联结）、d（低压绕组作三角形联结）；N（高压绕组作星形联结时的中性线）、n（低压绕组作星形联结时的中性线）。

6. 阻抗电压

阻抗电压又称为短路电压。它标志在额定电流时变压器阻抗压降的大小。通常用它与额定电压 U_{1N} 的百分比来表示。

【任务四】　变压器的认识和使用

变压器具有变换电压、电流、阻抗和隔离的作用，是一种常见的电气设备，它的种类很多，在电力系统和电子线路中应用十分广泛。要求掌握变压器铭牌上各参数的意义；掌握测量变压器的空载电流和空载损耗，通过测试参数发现磁路的局部或整体缺陷，检查绕组匝间、层间绝缘是否良好，铁芯硅钢片间绝缘状况和装配质量等。

1. 材料准备

被测变压器（10/0.4kV）　　　1台

功率表（cosφ＝0.1）　　　　　3块

电流表　　　　　　　　　　　　3块

平均值电压表、有效值电压表、频率表各1块

导线若干

工具若干

2. 实训步骤

① 认真阅读变压器的铭牌，掌握各项参数的含义。

② 变压器空载试验方法采用单相电源法，其接线图如图4-51所示。单相电源法采用单相试验电源，适用于单相变压器试验和三相变压器的单相试验。

③ 按试验图接线，并选择电源。

④ 检查接线无误后，通电测试。

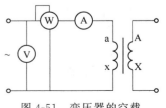

图 4-51　变压器的空载
实验接线图

⑤ 记录好试验数据，并分析试验结果。

空载电流和空载损耗的计算

设外加相电压为 U_o，相电流为 I_o，P_o 为每相输入功率，空载试验时输入功率全部都是损耗功率，所以 P_o（输入功率）就是空载损耗 p_o，即

$$|Z| = \frac{U_o}{I_o}$$

$$r_o = \frac{P_o}{I_o^2} = r_1 \times r_m \approx r_m$$

$$x_o = \sqrt{|Z_o^2| - r_o^2} = x_1 + x_m \approx x_m$$

电力变压器空载试验时，在额定条件下，空载电流的允许偏差为 ±22%；空载损耗的允许偏差为 +15%。

【考核内容与配分】

单　　元	考　核　内　容	考 核 权 重
【课题一】 常用低压电器	低压配电电器的结构及基本工作原理和使用注意事项，低压控制电器的结构及基本工作原理和使用注意事项	20%
【课题二】 三相异步电动机及控制电路	三相异步电动机的结构和工作原理及铭牌，三相异步电机的基本控制电路和降压启动控制电路及三相异步电机的制动控制电路	35%
【课题三】 单相异步电动机	单相异步电动机的结构和工作原理，单相异步电机的应用	20%
【课题四】 变压器	变压器的结构和工作原理，变压器的种类和特性，变压器的铭牌	25%

【思考题与习题】

4-1. 用 Y-△ 降压启动时的优点和缺点分别是什么？

4-2. 绕线式交流电机的调速方法有哪些？

4-3. 交流电机的制动方法有哪些？

4-4. 变压器由哪些元件组成？各部分的作用是什么？

4-5. 电机由哪些部分组成？其作用是什么？

4-6. 反接制动时应注意什么？

4-7. 低压电器基本结构有哪些？

4-8. 原绕组为 660 匝的单相变压器，当一次侧电压为 220V 时，要求二次侧电压是 11V，则该变压器二次侧绕组匝数是多少？

4-9. 自动开关有哪些作用？

4-10. 改变三相异步电机的转向的方法有哪些？

4-11. 什么叫自锁？自锁起到哪些保护作用？

4-12. 试画出实现自锁的控制电路图，互锁的控制电路图。

4-13. 交流异步电动机工作原理是什么? 异步是什么意思?

4-14. 交流异步电动机的频率、极对数和同步转速之间有什么关系?

4-15. 试求额定转速为 725r/min 的异步电机的极数和转差率。

4-16. 设计一个实现自动往复循环控制的控制线路,画出主电路和控制线路,并说明工作原理。具体要求如下:①工作台在两个撞块之间自动往复循环运动;②有必要的短路、过载保护。

4-17. 交流接触器有何用途? 主要由哪几部分组成? 各起什么作用?

4-18. 简述热继电器的主要结构和动作原理。

4-19. 行程开关与按钮有何相同之处与不同之处?

4-20. 在电动机主电路中既然装有熔断器,为什么还要装热继电器? 它们各起什么作用?

模块五　检测仪表及控制装置

【学习目标】

通过本模块学习，了解常用的测量方法，熟悉测量误差的分析及计算；了解检测仪表的组成及分类，掌握检测仪表的性能指标的分析及计算；了解压力、物位、流量、温度检测和成分分析的方法，熟悉常用压力检测仪表、物位检测仪表、流量检测仪表、温度检测仪表和成分分析仪表的结构、测量原理、特点和使用方法；掌握执行器的基本知识，熟悉气动薄膜调节阀及常用辅助装置的种类、作用及使用。

【课题一】　　检测技术基础

一、测量的基本知识

1. 测量及测量方法

测量就是把被测量与相应的单位标准量进行比较，从而确定被测量数值的过程。用来测量生产过程中各个有关参数的技术工具称为测量仪表，也称检测仪表。

实现测量的方法很多，按测量敏感元件是否与被测介质接触分为接触测量和非接触式测量；按被测变量的变化速度分为静态测量和动态测量；按比较方式分为直接测量和间接测量；按测量原理分为偏差法、零位法和微差法测量；按检测系统的结构分为开环式测量和闭环测量。对于不同的测量参数和检测系统需采用最适合的测量方法，才能取得最佳的测量结果。

2. 测量误差

测量的目的是为了获得被测参数的真实值，但测量值与真实值之间始终存在一定的差值，这就是测量误差。

（1）按误差的表示形式分类

① 绝对误差 Δ　指测量值 X 与被测量真实值 X_t 之差。

$$\Delta = X - X_t$$

② 相对误差 δ　指绝对误差 Δ 与测量真实值 X_t 之百分比。

$$\delta = \frac{\Delta}{X_t} \times 100\%$$

③ 引用误差 $\delta_{引}$　指绝对误差 Δ 与仪表的量程 S_p 之百分比。

$$\delta_{引} = \frac{\Delta}{S_p} \times 100\% \qquad S_p = X_{max} - X_{min}$$

绝对误差和相对误差反映测量结果的准确程度，而引用误差反映的是检测仪表的准确程度。

（2）按误差的测量条件分类

① 基本误差　是仪表在额定工作条件下（如温度、温度、电源电压和频率等）工作时仪表本身产生的误差。

② 附加误差　是当仪表偏离规定工作条件时所产生的误差。

（3）按误差产生的原因分类

① 系统误差　是在相同测量条件下，多次测量同一被测量时，测量结果的误差大小与符号均保持不变或按某一确定规律变化的误差。系统误差是由于仪表使用不当或测量时外界条件变化等原因所引起的，可通过对测量结果进行修正而消除。

② 随机误差　是在相同测量条件下，对参数进行重复测量时，以不可预计的形式变化的误差。随机误差是由许多微小变化的复杂因素共同作用的结果，可采取多次测量求平均值的方法减小随机误差。

③ 粗大误差　是测量结果显著偏离被测值的误差。主要是人为因素造成的，带有这类误差的测量结果毫无意义，应予以剔除。

二、检测仪表的基础知识

1. 检测仪表的基本组成

工业生产过程中检测仪表的类型繁多，结构也不尽相同，但从基本组成环节来看，基本上是由检测部分、转换部分和显示部分组成，分别完成信息的获取、转换、处理和显示等功能。

① 检测部分：直接感受被测变量，并将其转换为便于测量传送的位移、电量或其他形式的信号。

② 转换部分：对测量信号进行转换、放大或其他处理，如温度、压力补偿、线性校正、参数计算等处理。一般情况下，将能输出远传信号的检测部分和转换传送部分合称为传感器，主要用于将检测敏感元件的输出转换成电气信号。将输出标准信号的传感器称为变送器。

③ 显示部分：将测量结果通过指针、记录笔、计数器、数码管、CRT 及 LCD 屏以模拟、数字、曲线、图形等方式指示、记录下来。

2. 检测仪表的分类

① 按被测参数分类一般分为压力、物位、流量、温度检测仪表和成分分析仪表等。

② 按敏感元件与介质的联系分类可分为接触式和非接触式检测仪表。

③ 按指示方式分类可分为指示型、记录型和远传型仪表等。

④ 按仪表的组合方式分类可分为基地式、单元组合仪表。

基地式仪表，集测量、显示、调节各部分功能于一体，单独构成一个固定的控制系统；单元组合式仪表是指将检测变送、控制、显示等功能制成各自独立的仪表单元，各单元间用统一的输入输出信号相联系，可以根据实际需要选择某些单元进行适当的组合、搭配，组成各种测量系统或控制系统，单元组合仪表又分为电动单元组合仪表和气动单元组合仪表两大类。

3. 检测仪表的性能指标

（1）精确度（准确度）　仪表的精确度是反映仪表在规定使用条件下测量结果准确程度的指标，其形式用最大引用误差去掉正负百分号来表示。

$$A_C = \left| \frac{\Delta_{\max}}{S_P} \times 100 \right|$$

其中 $\Delta_{\max}$ 为允许最大绝对误差，它是指在规定的工作条件下，仪表测量范围内各点测量误差的允许最大值，为仪表的"基本误差"。

工业中常用精度等级来表示仪表精确度。我国仪表精度等级大致有：0.01、0.02、0.05、0.1、0.2、0.4、0.5、1.0、1.5、2.5、4.0、5.0 级。

【例 5-1】 有两台测温仪表，它们的测温范围分别为 $0 \sim 100℃$ 和 $100 \sim 300℃$，校验表时得到它们的最大绝对误差均为 $2℃$，试确定这两台仪表的精度等级。

解　$A_{C1} = \left| \dfrac{2}{100-0} \times 100 \right| = 2$

　　　$A_{C2} = \left| \dfrac{2}{300-100} \times 100 \right| = 1$

由于国家规定的精度等级中没有 2 级仪表，同时该仪表的误差超过了 1.5 级仪表所允许的最大误差，所以这台仪表的精度等级为 2.5 级，而另一台仪表的精度等级正好为 1.0 级。由此可见，两台测量范围不同的仪表，即使它们的绝对误差相等，它们的精度等级也不相同，测量范围大的仪表精度等级比测量范围小的高。

【例 5-2】 某台测温仪表的工作范围为 $0 \sim 500℃$，工艺要求测温时测量误差不超过 $\pm 4℃$，试问如何选择仪表的精度等级才能满足要求？

解　根据工艺要求，仪表的最大引用误差为

$$\delta_{引max} = \pm \frac{4}{500-0} \times 100\% = \pm 0.8\%$$

去掉最大引用误差的正负百分号，其数值为 0.8，介于 $0.5 \sim 1.0$ 之间，若选择精度等级为 1.0 级的仪表，其最大绝对误差为 $\pm 5℃$，超过了工艺上允许的数值，故应选择 0.5 级的仪表才能满足要求。

（2）变差（回差）　在外界条件不变的情况下，使用同一仪表对同一变量进行正、反行程（被测参数由小到大和由大到小）测量时，仪表指示值之间的差值，称为变差（又称回差），如图 5-1 所示。

$$E_{hmax} = \frac{e_{hmax}}{S_P} \times 100\%$$

回差产生原因很多，例如传动机构的间隙、运动件的摩擦、弹性元件的弹性滞后的影响等。回差越小，仪表的重复性和稳定性越好。应当注意，仪表的回差不能超过仪表的最大允许误差，否则应当检修。

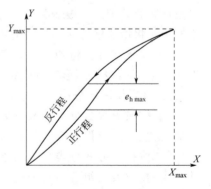

图 5-1　检测仪表的变差

（3）灵敏度与灵敏限　灵敏度反映仪表示值对被测量变化的幅值敏感程度，规定用仪表的输出变化量与引起此变化的被测参数改变量之比来表示。仪表灵敏度高，仪表示值的读数会比较精细，但灵敏度高的仪表精确度不一定高。

灵敏限是指引起仪表指示值发生可见变化的被测量的最小变化量。一般来说，仪表的灵敏限数值不大于仪表允许误差绝对值的一半。

【课题二】　　　　　　　　　**压力检测仪表**

压力是工业生产中的重要参数之一，为了保证生产正常运行，必须对压力进行监测和控

制，压力检测仪表还广泛应用于流量和液位等工艺变量的检测。

在工程上将垂直而均匀作用在单位面积上的力称为压力，两个测量压力之间的差值称为压力差或压差，工程上习惯叫差压。在国际单位制中，压力的单位采用帕斯卡，简称帕（Pa）。帕（Pa）这个单位在实际应用中太小，目前中国生产的各种压力表都统一用千帕（kPa）或兆帕（MPa）为压力或差压的基本单位，常用的压力单位还有工程大气压（kg/cm^2）、毫米水柱（mmH_2O）、毫米汞柱（mmHg）和巴（bar）等。

目前工业上常用的压力检测方法和压力检测仪表很多，根据敏感元件和转换原理的不同，一般分为以下四类。

1. 液柱式压力检测

液柱测压法是以流体静力学理论为基础的压力测量方法，一般采用充有水或汞等液体的玻璃 U 形管或单管进行测量。以此原理构造的液柱压力计结构简单，使用方便，测量精度高，但不便于读数和远传，测量量程也受到一定的限制，一般在实验室或工程实验上使用。

2. 弹性式压力检测

弹性式压力检测是根据弹性元件受力变形的原理，将被测压力转换成位移进行测量的。常用的有弹簧管压力表、膜片压力表和波纹管压力表等。

3. 电气式压力检测

电气式压力检测是利用敏感元件将被测压力直接转换成各种电量进行测量的，如各种压力变送器，能将压力转换成统一标准电信号，并进行远距离传送。

4. 活塞式压力检测

活塞式压力检测是根据液压机液体传送压力的原理，将被测压力转换成活塞面积上所加平衡砝码的质量来进行测量。活塞式压力计的测量精度较高，普遍被用作标准仪器对压力检测仪表进行检定。

一、弹簧管压力表

弹簧管压力表是利用弹性元件弹簧管在外力的作用下产生形变来测量压力的，仪表结构简单、使用方便、价格低廉、坚固耐用，且测压范围宽，测量精度较高，在工业上的应用相当广泛。

弹簧管压力表主要由弹簧管、传动放大机构（包括拉杆、扇形齿轮、中心齿轮等）、指示装置（指针和表盘）以及外壳等几部分组成，如图 5-2 所示。

被测压力由接头 9 通入弹簧管内腔，使弹簧管 1 产生弹性变形，自由端 B 向右上方位移。通过拉杆 2 使扇形齿轮 3 作逆时针偏转，进而带动中心齿轮 4 作顺时针偏转，于是固定在中心齿轮上的指针 5 也作顺时针偏转，从而指出被测压力的数值。由于自由端 B 的位移量与被测压力之间成正比例关系，因此弹簧管压力表的刻度标尺是均匀的。改变调节螺钉 8 在扇形齿轮的槽孔中位置，以改变传动放大机构的放大倍数，实现压力表量程的调整。游丝 7 用来克服齿轮传动啮合间隙而产生的仪表变差。

在生产中，常采用带有报警或控制触点的电接点信号压力表，把压力控制在一定范围内，以保证生产正常进行。

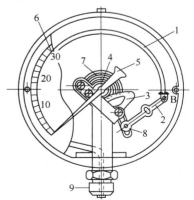

图 5-2　弹簧管压力表
1—弹簧管；2—拉杆；3—扇形齿轮；
4—中心齿轮；5—指针；6—面板；
7—游丝；8—调节螺钉；9—接头

二、差压（压力）变送器

差压（压力）变送器作为过程控制系统的检测变换部分，将液体、气体或蒸汽的差压（压力）、流量、液位等工艺参数转换成统一的标准信号（如 DC 4～20mA 电流），作为显示仪表、运算器和调节器的输入信号，以实现生产过程的连续检测和自动控制。

差压（压力）变送器种类很多，按工作原理的不同，分为力矩平衡式变送器和微位移平衡式变送器，电容式、电感式、扩散硅式和振弦式变送器都属于微位移式变送器。20 世纪 80 年代以后，国际上相继推出了各具特色的智能变送器。下面主要介绍目前应用较广泛的电容式差压变送器和智能差压变送器。

（1）电容式差压变送器　电容式差压（压力）变送器由测量部分和转换放大电路组成。其中测量部分的核心部分是由两个弧形电极与中心感压膜片这个可动电极构成的两个电容器，如图 5-3 所示。当正负压力（差压）由正负压导压口加到膜盒两边的隔离膜片上时，通过腔室内硅油液体传递到中心测量膜片上，中心感压膜片产生微小位移，使可动电极和左右两个固定电极之间的距离发生微小的变化，从而导致两个电容值发生微小变化，该变化的电容值由转换放大电路进一步放大成 DC 4～20mA 电流。这个电流与被测差压成一一对应的线性关系，实现了差压的测量。

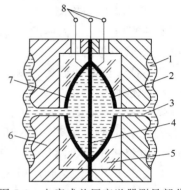

图 5-3　电容式差压变送器测量部分
1—隔离膜片；2、7—固定电极；3—硅油；4—测量膜片；5—玻璃层；6—底座；8—引线

电容式差压变送器结构紧凑，抗振性好，准确度高，静压误差小，其可靠性、稳定性较高，仪表精度可达 0.2 级，应用非常普遍。

（2）智能差压变送器　所谓智能差压变送器，就是利用微处理器和数字通信技术对常规变送器加以改进，将专用的微处理器植入变送器内，使其具备数字计算和通信能力的变送器。

依靠手持通讯器（手操器），用户可对现场变送器的各种运行参数进行设定。智能差压变送器与智能执行器配合使用，可就地构成控制回路。智能差压变送器精度高，具有自动诊断、自动修正、自动补偿以及错误方式报警等多种功能，还具有远程通信的功能，不需要把变送器从高处（如塔顶）或危险的安装场所拆下来，简化了调校和维护过程，减少了成本和时间。

三、压力检测仪表的选择及安装

（1）压力检测仪表的选择　压力检测仪表的选用应根据生产要求和使用环境具体分析，在符合生产过程所提出的技术条件前提下，本着节约原则，合理地选择仪表的类型、测量范围和精度等级等。

① 类型的选择。压力检测仪表类型的选择必须满足工业生产的要求，如是否需要远传、自动报警或记录等；被测介质的性质是否对仪表提出特殊要求，如温度的高低、黏度的大小、易燃易爆和是否有腐蚀性等；现场环境条件对仪表的类型有无限制，如高温、潮湿、振动和电磁干扰等。

② 测量范围的选择。根据被测压力的大小来确定仪表的量程。在选择仪表的上限时应留有充分的余地。一般在被测压力稳定的情况下，最大工作压力不应超过仪表上限值的 2/3；测量脉动压力时，最大工作压力不应超过仪表上限值的 1/2；测量高压时，最大工作压力不

应超过仪表上限值的 3/5。为了测量的准确性，所测得的压力值不能太接近仪表的下限值，即仪表的量程不能选得过大，一般被测压力的最小值应不低于仪表量程的 1/3。

③　精度的选择。根据生产上所允许的最大测量误差来确定仪表的精度。选择时，应在满足生产要求的情况下尽可能选用精度较低、经济实用的仪表。

【例 5-3】　某台往复式压缩机的出口压力范围为 2.5～2.8MPa，测量误差不得大于 0.1MPa。工艺上要求就地观察，试正确选用一台压力表，指出型号、精度与测量范围。

　　解　①　由于用于就地观察，可选用 Y150 型普通弹簧管压力表。

②　往复式压缩机的出口压力波动较大，所以选择压力表量程为

$$2 \times 2.8 \leqslant S_p \leqslant 3 \times 2.5$$
$$5.6 \leqslant S_p \leqslant 7.5$$

故选取压力表量程为 6MPa，测量范围为 0～6MPa。

③　所选压力表的精度等级　$A_c \leqslant \dfrac{0.1}{6} \times 100 \approx 1.667$

故选取压力表精度等级为 1.5 级。

（2）压力表的安装　压力测量系统由取压口、导压管、压力表及一些附件组成，各个部件安装正确与否，直接影响到测量结果的准确性和压力表的使用寿命。

①　取压口的选择。选择取压口的原则是取压口处能反映被测压力的真实情况。取压口要选在被测介质直线流动的管段部分，且与流动方向垂直，不要选在管路拐弯、分叉、死角或其他易形成漩涡的地方。测液体压力时，取压口应开在管道横截面的下侧部分，以防止介质中析出的气泡进入压力信号导管，引起测量的迟延，但也不宜开口在最低部，以防沉渣堵塞取压口；测气体压力时，取压口应开在管道横截面的上侧部分，以防止气体中析出的液体进入压力信号导管，产生测量误差；但对水蒸气压力测量，由于压力信号导管中总是充满凝结水，所以应按液体压力测量办法处理。

②　导压管铺设。导压管是连接取压口与压力表的连通管道。为了不致因阻力过大而产生测量迟延，导管的总长度一般不超过 50m，另外粗细要合适，一般内径为 6～10mm。应防止压力信号导管内积水（当被测介质为气体时）或积汽（当被测介质为水时），以避免产生测量误差及迟延。取压口到压力计之间应装有切断阀，且装设在靠近取口的地方。当压力信号管路较长并需要通过露天或热源附近时，还应在管道表面敷设保温层，以防管道内介质汽化或冻结。

③　压力表的安装。压力表安装地点应在易观察、检修的地方，力求避免振动和高温影响。针对具体情况（如高温、低温、腐蚀、结晶、沉淀、黏稠介质等），采取相应的防护措施，例如测量蒸汽压力时应加凝液管，以防止高压蒸汽直接和测压元件接触；测量有腐蚀性介质压力时，应加装有中性介质的隔离管，如图 5-4 所示。压力计的连接处，应根据被测压力的高低和介质性质，选择适当的材料，作为密封垫片，以防泄漏。

【任务五】　弹簧管压力表的校验和调整

当仪表使用一段时间以后，需要进行校验，以保证测量的可靠性。工业仪表常用标准表比较法来校验。

弹簧管压力表的校验，就是将被校压力表和标准压力表通以相同的压力，用标准表的示值作为真值，比较被校表的示值，以确定被校表的误差、精度、变差等性能。所选择的标准表的绝对误差一般应小于被校仪表绝对误差的 1/3，所以它的误差可以忽略，认为标准表的读数就是真实压力的数值。如果被校仪表的引用误差、变差的值均不大于被校仪表的规定数

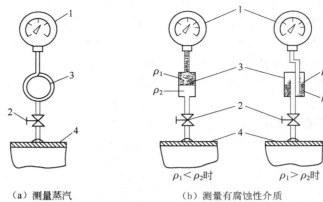

（a）测量蒸汽 （b）测量有腐蚀性介质

图 5-4 压力表安装示意图

1—压力表；2—切断阀；3—冷凝管或隔离管；4—取压设备；ρ_1，ρ_2—隔离液和被测介质的密度

值，则认为被校仪表合格。如果压力表校验不合格时，可根据实际情况调整其零点、量程或维修更换部分元件后重新校验，直至合格。对无法调整合格的压力表可根据校验情况降级使用。常用的弹簧管压力表校验仪器是活塞式压力校验台。

1. 材料准备

活塞式压力校验台	1 台
被校弹簧管压力表	1 块
弹簧管精密压力表	1 块
十字螺丝刀 2″	1 把
一字螺丝刀 2″	1 把
钟表起子 1～6 号	各 1 把

2. 压力表的校验

用活塞式压力校验台校验压力表的步骤如下。

① 连接压力表

将压力表校验台平放在工作台上，按图 5-5 安装连接。

② 注入工作液。打开针阀 4，摇动手轮，将手摇泵活塞推到底部。旋开油杯阀，揭开油杯盖，将工作液注满油杯 2。关闭针阀，反向旋转手轮 7，将工作液吸入手摇泵（应使油杯内有适量工作液），装上油杯盖和油杯阀。

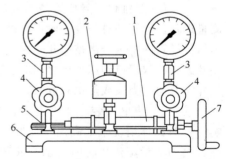

图 5-5 弹簧管压力表校验安装图

1—手摇泵；2—油杯；3—螺母；4—针阀；5—导压管；6—底座；7—手轮

③ 排除传压系统内的空气。关闭油杯阀，打开针阀，轻摇手轮 7，直至看到两压力接头处有工作液即将溢出时，关闭针阀 4，打开油杯阀，反向旋转手轮 7，给手摇泵补足工作液，再关闭油杯阀。

④ 校验。在标准压力表和被校压力表装上后，打开针阀 4，用手摇泵 1 加压即可进行压力表的比较校验。

校验时，先正行程使压力逐渐从零增加到各校验点（一般校验量程的 0%、25%、50%、75% 和 100% 五点）压力，每个校验点应分别在轻敲表壳前后两次读数，记录被校表轻敲后示值、标准表示值和轻敲位移量。然后逐渐降低压力，作反行程校验和记录。

⑤ 数据的处理和结果的判定。根据校验数据，填写校验单（见附录二）进行误差的计算和处理。

仪表的基本误差＝±精度值×量程

只有被校压力表的引用误差、变差的值均不大于基本误差时，才能判定被校压力表符合精确度等级，仪表合格。否则应重新判断仪表的精度等级。

3. 压力表的调整

① 零位调整。弹簧管压力表未输入被测压力时指针应对准表盘零位刻度线，否则可将指针取下对准零位，重新固定。对有零位指针挡的压力表，一般应升压到第一个数字刻度线改装指针，以实现调零。

② 量程调整。零位调准，上限值超差时应进行量程调整。方法是调整扇形齿轮与拉杆的连接位置，以改变图 5-6 中 OB 的长短，从而调准量程。通常要结合调整零位反复数次才能达到要求。

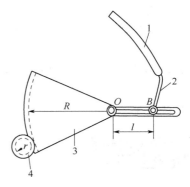

图 5-6　弹簧管压力表量程调整示意图
1—弹簧管；2—拉杆；3—扇形齿轮；4—中心齿轮

③ 线形调整。当校验中发现各校验点误差相差过大时应进行量程调整。方法是松开固定机芯的螺丝，适当转动机芯，以改变扇形齿轮与拉杆的夹角，顺时针转动，夹角变小，逆时针转动则相反。经验证明，扇形齿轮与拉杆夹角为 90°时，线性最好。

【任务六】　智能差压变送器的使用

1. 材料准备

差压变送器 EJA110A	1 台
精密电流表（0～30mA）	1 台
空压机（0.5MPa）	1 台
万用表	1 块
安全栅	1 个
软线	若干
一字螺丝刀	1 把

2. 电气连接

按照如图 5-7 和图 5-8 所示的电气连接示意图，将差压变送器、精密电流表与安全栅进行信号连接，并把 HART 通信器连接在电路中。

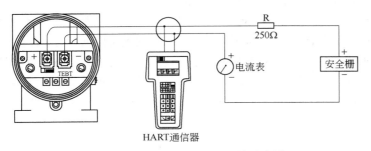

图 5-7　手操器与变送器的连接示意图

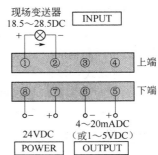

图 5-8　安全栅的信号连接示意图

3. 零点调整和参数设置

完成启动准备工作后，进行零点调整。变送器的零点调整可使用变送器壳体上的调零螺钉，也可使用 HART 智能终端。注意调零后不能立即断电，如调零后 30s 内断电，零点将恢复到原值。

根据工艺要求和具体情况，正确进行参数的设置，主要包括单位、量程、迁移量等。

4. 校验

用空压机给变送器打压进行校验。一般将变送器量程确定为 5 个检定点，即量程的 0%、25%、50%、75% 和 100% 五点，正、反行程测量各点对应的输出电流信号。将各点电流值与标准值比较，其非线性误差应不超过变送器的基本误差。将各点的正行程值减去反行程值，其回差不应超过基本误差。

根据校验单（见附录二），记录相关数据，并进行误差的计算和处理，判定仪表是否符合精确度等级。

【课题三】　　　　　　物位检测仪表

物位统指设备和容器中液体或固体物料的表面位置，它包括液位、料位和界位。容器中液体介质的高低称为液位，容器中固体或颗粒状物质的堆积高度称为料位，两种密度不同液体介质或液体与固体的分界面的高低称为界位。相应的物位检测仪表有液位计、料位计和界位计。

由于被测对象种类繁多，检测的条件和环境也有很大的差别，因而物位检测的方法有很多，按工作原理分类有以下几种。

① 直读式：采用连通器原理，直接显示物位的高度。如玻璃管液位计、玻璃板液位计，双色水位计等。这种方法最简单也最常见，方法可靠、准确，但只能就地指示，主要用于液位检测和压力较低的场合。

② 静压式：基于流体静力学原理，容器内的液面高度与液柱质量形成的静压力成比例关系，当被测介质密度不变时，通过测量参考点的压力可测量液位。基于这种方法的液位检测仪表有压力式、吹气式和差压式等，是工业生产中最常用的液位检测仪表。

③ 浮力式：基于浮力原理，漂浮于液面上的浮子或浸没在液体中的浮筒，在液位发生变化时其浮力发生相应的变化。这类液位检测仪表有浮子式、浮筒式和翻板式等。

④ 电气式：将电气式物位敏感元件置于被测介质中，当物位发生变化时，其电气参数如电阻、电容、磁场等会发生相应的改变，通过检测这些参数就可以测量物位。这种方法既可以测量液位也可以测量料位。主要有电阻式、电容式和磁致收缩式等。这类仪表轻巧且能实现远距离传送，但成本较高，多用于高压腐蚀性介质的物位测量中。

⑤ 声学式：利用超声波在介质中的传播速度以及在不同相界面之间的发射特性来检测物位的大小。可以测量液位和料位。这类仪表准确性高，但成本高，多用于对测量要求高的场合。

⑥ 射线式：放射线同位素所发出的射线（如 γ 射线）穿过被测介质时因被介质吸收其强度衰减，通过检测放射线强度的变化达到测量物位的目的。这种方法可以实现物位的非接触式测量。这类仪表能测各种物位，但成本高，使用和维护不便，多用于腐蚀性介质的物位测量。

一、静压式液位计

1. 静压式液位计的工作原理

由静力学原理可知，一定高度的液体介质自身的重力作用于底面积上，产生的静压力与液体层高度有关。静压式液位检测就是通过测量液位高度所产生的静压力来实现液位测量的。

如图 5-9 所示，根据流体静力学的原理，A 和 B 两点的压差为

$$\Delta p = p_B - p_A = \rho g H$$

式中，p_A、p_B 为容器中 A、B 两点的静压力；H 为液面的高度；ρ 为液体密度。

由于液体密度 ρ 一定，所以 Δp 与液位 H 成正比例关系，测得差压 Δp 就可以得知液位 H 的大小。

图 5-10 为用差压变送器测量液位示意图，将差压变送器的一端接液相，另一端接气相；若被测容器是敞口的，气相压力为大气压，则差压变送器的负压室通大气。

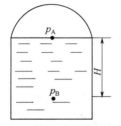 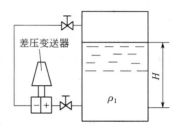

图 5-9 静压式液位计原理　　　图 5-10 差压变送器测液位示意图

2. 静压式液位计的零点迁移

差压变送器测量液位时，将液位形成的差压转换成统一标准电信号输出。由于差压变送器安装位置条件不同，存在仪表零点迁移问题。

零点迁移的目的就是使液位 $H=0$ 时，变送器的输出电流为 I_{min}（如 4mA）。零点迁移有无迁移、正迁移和负迁移 3 种情况，如图 5-11 所示。

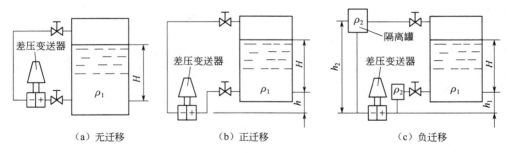

（a）无迁移　　　　　（b）正迁移　　　　　（c）负迁移

图 5-11 静压式液位计的零点迁移

（1）无迁移　若差压变送器的正压室取压口正好与容器的最低液面处于同一水平位置，如图 5-11（a）所示，作用于变送器正负压室的差压与液面的高度的关系为：

$$\Delta p = p_+ - p_- = \rho g H$$

当 $H=0$ 时，$\Delta p=0$，变送器的输出最小值 $I_0=4mA$。当 $H=H_{max}$ 时，$\Delta p=\Delta p_{max}$，变送器的输出最大值 $I_0=20mA$，即"无迁移"情况。

（2）正迁移　当变送器的安装位置与容器的最低液位不在同一水平位置上，如图 5-11（b）所示，此时作用于变送器正负压室的差压与液面的高度的关系为：

$$\Delta p = p_+ - p_- = (p_气 + \rho g H + \rho g h) - p_气 = \rho g H + \rho g h$$

当 $H = 0$ 时，$\Delta p = \rho g h > 0$，变送器的输出电流 $I_0 > 4\text{mA}$。当 $H = H_{\max}$ 时，变送器的输出最大值 $I_0 > 20\text{mA}$。此时差压变送器需要"正迁移"，使变送器的输出仍为 $4 \sim 20\text{mA}$，迁移量为 $\rho g h$。

（3）负迁移　若被测介质易挥发或有腐蚀性，为了保护变送器，防止管线阻塞或腐蚀，并保持负压室的液柱高度恒定，保证测量精度，需要在负压室管线上加隔离液，如图 5-11（c）所示，此时作用于变送器正负压室的差压与液面的高度的关系为：

$$\Delta p = p_+ - p_- = (p_气 + \rho_1 g H + \rho_2 g h_1) - (p_气 + \rho_2 g h_2) = \rho_1 g H - \rho_2 g (h_2 - h_1)$$

当 $H = 0$ 时，$\Delta p = -\rho_2 g (h_2 - h_1) < 0$，变送器的输出电流 $I_0 < 4\text{mA}$。当 $H = H_{\max}$ 时，变送器的输出最大值 $I_0 < 20\text{mA}$。此时差压变送器需要"负迁移"，使变送器的输出仍为 $4 \sim 20\text{mA}$，迁移量为 $\rho_2 g (h_2 - h_1)$。

零点迁移是通过调整变送器的零点，同时改变了测量范围的上、下限，相当于测量范围的平移，它不改变量程的大小。在差压变送器的产品手册中，通常注明是否带有迁移装置以及相应的迁移量范围，应根据现场的具体情况予以正确选用。

【例 5-4】　利用差压变送器测量液位，如图 5-11（c）所示。已知 $\rho_1 = 1200\text{kg/m}^3$，$\rho_2 = 950\text{kg/m}^3$，$h_1 = 1\text{m}$，$h_2 = 5\text{m}$，液位变化范围 $0 \sim 2.5\text{m}$，求变送器的量程和迁移量。

解　$\rho_1 g H_{\max} = 2.5 \times 1200 \times 9.8 = 29400\text{Pa}$，故变送器量程可选为 40kPa。

当 $H = 0$，$\Delta p = -\rho_2 g (h_2 - h_1) = -4 \times 950 \times 9.8 = -37.24\text{kPa}$

故变送器需要进行负迁移，迁移量为 37.24kPa。

3. 法兰式差压变送器测量液位

为了解决测量具有腐蚀性或含有结晶颗粒以及黏度大、易凝固等液体液位时引压管线被腐蚀、被堵塞的问题，常使用法兰式差压变送器。法兰式差压变送器有单法兰式和双法兰式，法兰的结构又分平法兰和插入式法兰。如图 5-12 所示。

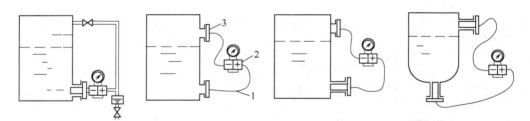

图 5-12　法兰式差压变送器测量液位示意图
1—毛细管；2—变送器；3—法兰式测量头

法兰式差压变送器的敏感元件是金属膜盒，经毛细管与变送器的测量室相通。由膜盒、毛细管、测量室组成的封闭系统内充有硅油，通过硅油传递压力，省去引压导管，安装也比较方便，解决了导管的腐蚀和堵塞问题。

采用双法兰式差压变送器测量液位时，由于正、负压室毛细管内硅油液柱对变送器的正负压室所产生的压力信号起到相互抵消的作用，所以变送器主体安装位置的高低对液位测量值是没有影响的，变送器的位置可以任意安装。

二、浮力式物位计

浮力式物位计是根据浮力原理检测物位，它是应用最早的物位测量仪表之一，主要用于液位测量和物位测量。它结构简单，造价低廉，工作可靠，不易受外界环境的影响，维护也比较方便。随着变送方法的改进，浮力式液位计至今仍然为工业生产所广泛采用。

浮力式物位计分为恒浮力式液位计和变浮力式物位计两类。

恒浮力式液位计有浮子式液位计、浮球式液位计和磁翻板式液位计等，它们的检测元件（浮子或浮球）随液位的变化而上下浮动，通过测出检测元件（浮子或浮球）随液面变化产生的位移量进行液位测量。浮子式液位计如图 5-13 所示。

变浮力式物位计有浮筒式液位计，结构如图 5-14 所示。其检测元件（浮筒）浸没在液体中，液位变化时，其检测元件（浮筒）因浸没在液体中的深度不同而受到不同的浮力，扭力管弹性扭转变形则产生不同的扭角，扭力管的扭角与液位的高度成一一对应关系，从而进行液位的测量。

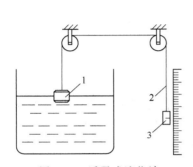

图 5-13　浮子式液位计
1—浮子；2—钢索；3—平衡锤

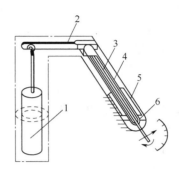

图 5-14　浮筒式液位计结构示意图
1—浮筒；2—杠杆；3—扭力管；4—芯轴；5—外壳；6—轴承

【课题四】　流量检测仪表

流量是工业生产过程操作与管理的重要依据。在具有流动介质的工艺过程中，物料通过工艺管道在设备之间来往输送和配比，生产过程中的物料平衡和能量平衡等都与流量有着密切的关系。因此通过对生产过程中各种物料的流量测量，可以进行整个生产过程的物料和能量核算，实现最优控制。

流体的流量是指流体在单位时间内流经某一有效截面的体积或质量，前者称体积流量（m^3/s），后者称质量流量（kg/s）。体积流量和质量流量又称瞬时流量。在某段时间内流体通过的体积总量和质量总量称为累积流量或流体总量。

用来测量流量的仪表称为流量计。测量流量总量的仪表称为计量表或总量计。

由于流量检测条件的多样性和复杂性，流量的检测方法非常多，流量检测仪表的各类也很多。按照检测原理不同，流量检测仪表可分为速度式流量仪表、容积式流量仪表和质量式流量仪表三类。

① 速度式流量仪表　是以测量管道内流体的流速作为测量的依据。这类流量仪表有差压式流量计、转子流量计、涡轮流量计、电磁流量计和超声波流量计等。

② 容积式流量仪表　是以单位时间内所排出的流体的固定容积的数目作为测量的依据。这类流量仪表有椭圆齿轮流量计、活塞式流量计和刮板流量计等。

③ 质量式流量仪表　是测量所流过的流体的质量，包括直接式和补偿式。这类流量仪表有差压式质量流量计、微动质量流量计、体积流量表和密度计组合式质量测量系统、温度

压力补偿式质量测量系统。

一、差压式流量计

差压式流量计是根据流体流动的节流原理，利用流体流经节流装置时产生的静压差来实现流量测量。一般用于直径 $D \geqslant 50\text{mm}$ 的管道中。

1. 差压式流量计的测量原理

在流通管道内安装流动阻力元件，流体通过阻力元件时，流束将形成局部收缩，使流速增大，静压力降低，于是在阻力件前后产生压力差。把流体流过阻力元件使流束收缩造成压力变化的过程称节流过程，其中的阻力元件称为节流元件。

流量测量过程中，液体的流量 $q_m(q_v)$ 与差压 Δp 之间成开方关系，可简单表达为

$$q_m(q_v) = k\sqrt{\Delta p}$$

该压力差通过差压计检出，通过测量差压值便可求得流体流量，并转换成电信号（如 DC4～20mA）输出。

2. 差压式流量计的基本结构

差压式流量计主要由节流装置、信号管路、差压变送器等组成，如图 5-15 所示。节流装置将被测流体的流量转换成差压信号；信号管路把差压信号传输到差压变送器或差压计；差压计对差压信号进行测量并显示出来，差压变送器将差压信号转换为与流量相对应的标准电信号或气信号，通过显示仪表进行显示、记录与控制。

3. 标准节流装置

节流装置由节流元件、取压装置和上下游测量导管三部分组成，有标准节流装置和非标准节流装置两大类。标准节流装置，是按照标准文件设计、制造的，安装和使用时不必进行标定即能保证一定的精度。非标准节流装置主要用于特殊介质或特殊工况条件的流量检测，它必须用实验方法单独标定。

（1）标准节流元件　包括标准孔板、标准喷嘴和标准文丘里管，如图 5-16 所示。

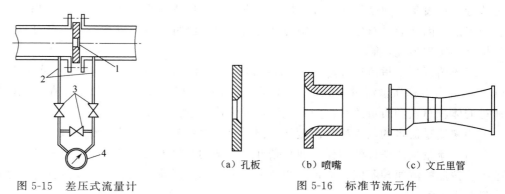

图 5-15　差压式流量计　　　　　　　　（a）孔板　　　（b）喷嘴　　　（c）文丘里管
1—节流装置；2—信号管路；3—三阀组；4—差压变送器　　　　图 5-16　标准节流元件

① 标准孔板。是用不锈钢或其他金属材料制造的薄板，具有圆形开孔并与管道同心，顺流的出口呈扩散的锥形。标准孔板结构简单，加工方便，价格低廉。但对流体造成的压力损失较大，测量精度较低，而且一般只使用于洁净流体介质的测量。

② 标准喷嘴。是一个以管道喉部开孔轴线为中心线的旋转对称体。对流体造成的压力损失略小于孔板，测量精度较孔板要高，但加工难度大，价格高，可用于测量温度和压力较

高的蒸汽、气体和带有杂质的流体介质流量。

③ 标准文丘里管。压损较孔板和喷嘴都小，但制造困难，价格昂贵，可测量有悬浮固体颗粒的液体，较适用于大流量气体流量的测量。工业应用较少。

（2）标准取压方式　差压式流量计是通过测量节流元件前后静压力差 Δp 来实现流量测量的，测量的值与取压孔位置和取压方式紧密相关。根据节流装置取压口位置，取压方式分为理论取压、角接取压、法兰取压、径距取压与损失取压五种，如图 5-17 所示。国家规定标准的取压方式有角接取压、法兰取压和径距取压。

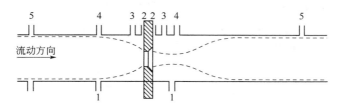

图 5-17　节流装置的取压方式
1—理论取压；2—角接取压；3—法兰取压；4—径距取压；5—损失取压

① 角接取压　取压点分别位于节流元件前后端面处。适用于孔板和喷嘴两种节流装置。它又分为环室取压和单独钻孔取压两种方法。

② 法兰取压　在距节流元件前后端面各 1in（25.4mm）的位置上垂直钻孔取压，仅适用于孔板。

③ 径距取压（$D-D/2$ 取压）　在距节流元件前端面 $1D$、后端面 $D/2$ 处的管道上钻孔取压。适用于孔板和喷嘴。

（3）测量管　安装节流元件的管道应该是直的，截面为圆形；管道内壁应洁净；节流元件前后要有足够长直管段长度，以使流体稳定流动，一般上游侧直管段在 $10D\sim50D$ 之间，下游侧直管段在 $5D\sim8D$ 之间。

4. 差压式流量计的安装

差压式流量计在安装时应注意：

① 应保证节流元件前端面与管道轴线垂直；

② 应保证节流元件的开孔与管道同心；

③ 密封垫片，在夹紧后不得突入管道内壁；

④ 节流元件的安装方向不得装反；

⑤ 节流装置前后应保证足够长的直管段；

⑥ 引压管路应按最短距离敷设，一般总长度不超过 50m，管径 10～18 mm；

⑦ 取压位置：测量液体时取压点在下方；测量气体时取压点在上方；测量蒸汽时，取压点在中心水平位置；

⑧ 引压管沿水平方向敷设时，应有大于 1：10 的倾斜度，以便排出气体（对液体介质）或凝液（对气体介质）；

⑨ 引压管应带有切断阀、排污阀、集气器、集液器、凝液器等必要附件，以备与被测管路隔离维修和冲洗排污用。

5. 差压式流量计的应用

差压式流量计具有结构简单、工作可靠、使用寿命长、测量范围广的特点。不足之处是测量精度不高，测量范围较窄（量程比 3：1～4：1），要求直管段长，压力损失较大，刻度为非线性。

使用时应注意的问题如下。

① 应考虑流量计使用范围。

② 被测流体的实际工作状态（温度、压力）和流体性质（重度、黏度、雷诺数等）应与设计时一致，否则会造成实际流量值与指示流量值间的误差。

③ 使用中要保持节流装置的清洁，如在节流装置处有沉淀、结焦、堵塞等现象，会改变流体的流动状态，引起较大的测量误差，必须及时清洗。

④ 节流装置尤其是孔板，其入口边缘会由于磨损和腐蚀而变钝，引起仪表示值偏低。故应及时检查，必要时应换用新的节流装置。

⑤ 引压管路接至差压计之前，必须安装三阀组，以便差压计的回零检查及引压管路冲洗排污用。投运时三阀组的启动顺序为：打开正压阀→关闭平衡阀→打开负压阀；停运时与投运步骤相反。

二、转子流量计

转子流量计又名浮子流量计或面积流量计。转子流量计特别适合于测量管径 50mm 以下管道的小流量测量，转子流量计因结构简单、使用维护方便、对仪表前后直管段长度要求不高、压力损失小且恒定、工作可靠、线性刻度等特点，成为工业上和实验室常用的一种流量计。

1. 转子流量计的测量原理

转子流量计主要由一根自下向上扩大的垂直锥管和一只可以沿着锥管的轴向自由移动的转子组成，如图 5-18 所示。当被测流体自锥管下端流入流量计时，由于流体的作用，转子上下端面产生一差压，该差压即为转子的上升力。当差压值大于浸在流体中转子的重量时，转子开始上升。随着转子的上升，转子最大外径与锥管之间的环形面积逐渐增大，流体的流速则相应下降，作用在转子上的上升力逐渐减小，直至上升力等于浸在流体中的转子的重量时，转子便稳定在某一高度上。

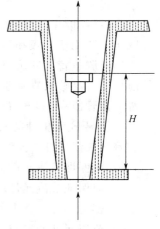

只要保持流量系数不变，则流量与转子所处的高度 H 成线性关系，测得 H 的大小就可以测量流量。可以将这种对应关系直接刻度在流量计的锥管上。显然，对于不同的流体，由于密度发生变化，流量与 H 之间的对应关系也将发生变化，原来的流量刻度将不再适用。所以原则上，转子流量计应该用实际介质进行标定。

图 5-18　转子流量计示意图

2. 电传式转子流量计

图 5-18 中所介绍的转子流量计只适用于就地指示，对配有电远传装置的转子流量计，可以将反映流量大小的转子高度转换为电信号，传送到其他仪表进行指示、记录和控制。图 5-19 为电传式转子流量计的工作原理图。当流体流量变化时使转子转动，磁钢 1 和 2 通过带动杠杆 3 及连杆机构 6、7、8 使指针 10 在标尺 9 上就地指示流量。与此同时，差动变压器检测出转子的位移，产生差动电势通过放大和转换后输出电信号，通过显示仪表显示和通过控制仪表进行调节。

3. 转子流量计的安装与应用

① 若介质中含有固体杂质，应在表前加装过滤器；若介质中含铁磁性物质，应在表前

入口处安装磁过滤器；若工艺上不允许流量中断，安装流量计时应加设截止阀和旁通管路以便仪表维护。

② 管路中有调节阀时，调节阀一般应安装在转子流量计的下游。另外，调节流量时不宜采用电磁阀等速开阀门，否则阀门迅速开启时，转子就会因骤然失去平衡而冲到顶部，损坏转子或锥管。

③ 转子流量计要求垂直安装，流量计中心线与铅垂线的夹角最多不应超过 5°，否则会带来测量误差。

④ 转子流量计对直管段长度要求不高。一般上游侧 $\geqslant 5D$，下游侧 $\geqslant 250mm$。

⑤ 转子流量计开启时，应缓慢地打开流量计前后的截止阀，防止急开急关造成冲击而损坏玻璃锥管。

⑥ 当锥管和转子受到污染时，应及时清洗，以免影响测量精度。

⑦ 被测流体温度若高于 70℃ 时，应在流量计外侧安装保护套，以防玻璃管骤冷破裂。

⑧ 被测流体的状态参数与流量计标定时的状态不同时，必须对示值进行修正。

三、电磁流量计

电磁流量计是根据法拉第电磁感应定律制成的仪表，用于测量导电液体（如工业污水、酸、碱、盐等腐蚀性介质）与浆液的体积流量。

1. 电磁流量计的测量原理

电磁流量计的测量原理图如图 5-20 所示。

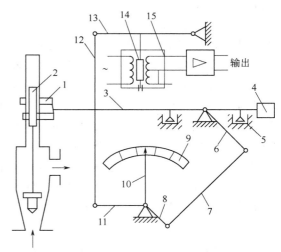

图 5-19　电传式转子流量计工作原理图
1，2—磁钢；3—杠杆；4—平衡锤；5—阻尼器；
6，7，8—连杆机构；9—标尺；10—指针；
11，12，13—连杆机构；14—铁芯；
15—差动变压器

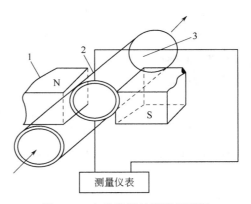

图 5-20　电磁流量计测量原理图
1—磁极；2—电极；3—管道

设在均匀磁场中，垂直于磁场方向有一个直径为 D 的管道。管道由不导磁材料制成，当导电的液体在导管中流动时，导电液体切割磁力线，因而在磁场及流动方向垂直的方向上产生感应电动势，如安装一对电极，则电极间产生和流速成比例的电位差。感应电动势的大小为

$$E = BDv$$

式中　B——磁感应强度；

　　　D——管道直径；

　　　v——流体平均流速。

则流体的体积流量为

$$q_v = \frac{\pi D^2}{4}v = \frac{\pi D}{4B}E$$

稳恒磁场条件下，E 与 q_v 成正比，而与流体的物性和工作状态无关，因而电磁流量计

具有均匀的指示刻度。

2. 电磁流量计的特点

由于电磁流量计的测量导管内无可动部件或突出于管道内部的部件，因而压力损失极小，对要求低阻力损失的大管径供水管道最为适合。流量计的输出电流与体积流量成线性关系，且不受液体温度、压力、密度、黏度等参数的影响。电磁流量计反应迅速，可以测量脉动电流，其量程比一般为 10∶1，精度较高的量程比可达 100∶1。电磁流量计的测量口径范围很大，可以从 1mm～2m 以上，测量精度高于 0.5 级。电磁流量计可以测量各种腐蚀性介质（如酸、碱、盐溶液）以及带有悬浮颗粒的浆液。此流量计无机械惯性，反应灵敏，而且线性较好，可以直接进行等分刻度。但电磁流量计只能测量导电液体，因此对于气体、蒸汽以及含大量气泡的液体，或者电导率很低的液体不能测量。由于测量管内衬材料一般不宜在高温下工作，所以目前一般的电磁流量计还不能用于测量高温介质。

3. 电磁流量计的安装与应用

① 电磁流量计可以水平安装，也可以垂直安装，但要求液体充满管道。

② 电磁流量计对直管段要求不高，前直管段长度 10D，后直管段长度 5D 以上。

③ 安装地点应避免强烈振动，并远离磁场。

④ 变送器前后管道有时带有较大的杂散电流，一般要把变送器前后 1～1.5m 处和变送器外壳连接在一起，共同接地。

⑤ 电磁流量计投入运行时，必须在流体静止状态下做零点调整。正常运行后也要根据被测流体及使用条件定期停流检查零点，定期清除测量管内壁的结垢层。

【课题五】　　　　　温度检测仪表

温度是表征物体冷热程度的物理量，温度只能通过物体随温度变化的某些特性来间接测量。用来量度物体温度数值的标尺叫温标，它规定了温度的读数起点（零点）和测量温度的基本单位，目前国际上用得较多的温标有华氏温标、摄氏温标、热力学温标和国际实用温标。

测温仪表的分类方法很多，按测量方式可分为接触式与非接触式两大类；按工作原理可分为膨胀式温度计、热电偶温度计、热电阻温度计和辐射式温度计；按测量范围可分为高温计和温度计。

接触式仪表测温仪表比较简单、可靠、测量精度较高，但因其测温元件与被测介质需要进行充分的热交换，需要一定时间才能达到热平衡，所以存在测温延迟现象，同时受耐高温材料的限制，不能应用于很高温度的测量；非接触式仪表测温是通过热辐射原理来测量温度的，测温元件不需与被测介质接触，测温范围广，不受测温上限的限制，也不会破坏被测物体的温度场，反应速度一般也比较快，但受到物体的发射率、测量距离、烟尘和水汽等外界因素的影响，其测量误差较大。

热膨胀式温度计是利用液体、气体或固体热胀冷缩的性质测量温度，如玻璃管液体温度计、双金属温度计等；热电偶温度计是利用热电效应原理测量温度；热电阻温度计利用热电阻的电阻值随温度变化而变化的特性来进行温度测量的；辐射式温度计是通过热辐射原理来测量温度的，如光学高温计、光电高温计、辐射高温计等。

习惯上，按测温范围不同，将 600℃ 以上的测温仪表称为高温计，把测量 600℃ 以下的测温仪表称为温度计。

一、热电偶温度计

热电偶温度计是利用热电效应原理制成的测温仪表。它测温范围广，性能稳定，结构简单，测量精度高，输出信号便于远传，应用极为广泛。

热电偶温度计由热电偶、测量仪表和连接导线三部分组成。如图 5-21 所示。

1. 热电偶的测温原理

将两种不同材料的导体或半导体 A 和 B 连接成一个如图 5-22 所示的闭合回路。当 A 和 B 的两个接点 1 和 2 分别置于温度各为 t 和 t_0 的热源中，在回路内就会产生热电动势，这种现象称为热电效应。热电偶就是利用这一效应来工作的。

闭合回路中总的热电势

$$E(t，t_0) = e_{AB}(t) + e_{AB}(t_0)$$
$$E(t，t_0) = e_{AB}(t) - e_{BA}(t_0)$$

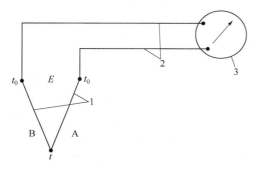

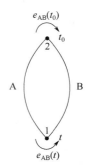

图 5-21　热电偶温度计测温系统示意图
1—热电偶；2—导线；3—测量仪表

图 5-22　热电偶闭合回路

注意：

① 由于热电极的材料不同，所产生的接触热电势亦不同，因此不同热电极材料制成的热电偶在相同温度下产生的热电势是不同的。

② 热电偶一般都是在自由端温度为 0℃ 时进行分度的，因此，若自由端温度不为 0℃ 而为 t_0 时，则热电势与温度之间的关系可用下式进行计算。

$$E_{AB}(t，t_0) = E_{AB}(t，0) - E_{AB}(t_0，0)$$

③ 由于热电偶所产生的热电势与温度的关系都是非线性的，因此在自由端温度不为零时，将所测热电势对应的温度值加上自由端温度，并不等于实际的被测温度。

2. 热电偶的类型及特点

（1）标准化热电偶　标准化热电偶按 IEC 国际标准生产。标准化热电偶的分度号有主要有 S、R、B、N、K、E、J、T 等几种。其中 S、R、B 属于贵金属热电偶，N、K、E、J、T 属于廉金属热电偶。

① 铂铑$_{10}$-铂热电偶（S 型），分度号为 S。正极为铂铑合金，其中含铑 10%，负极是商用纯铂。

S 型热电偶特点是抗氧化性能强，宜在氧化性、惰性气体中连续使用，长期使用温度 1300℃，短期 1600℃。在所有热电偶中，S 型热电偶的精确度等级最高，通常用作标准热电偶。

② 铂铑₁₃-铂热电偶（R 型），分度号为 R。正极为铂铑合金，其中含铑 13%，负极是商用纯铂。

R 型热电偶与 S 型热电偶相比除热电动势大 15% 左右，灵敏度也较高些外，其他性能几乎完全相同。中国生产这种热电偶较少，所以目前使用也较少。

③ 铂铑₃₀-铂铑₆热电偶（B 型），分度号为 B。正、负极均为铂铑合金，其中正极含铑 29.6%，负极含铑 6.12%，俗称双铂铑热电偶。

B 型热电偶在室温下热电动势极小，故在测量时一般不用补偿导线；它的长期使用温度在 1600℃ 以下，短期使用可达 1800℃；可在氧化性或中性气氛中使用，也可在真空条件下短期使用；这种热电偶是比较理想的测量高温的热电偶。

④ 镍铬-镍硅热电偶（K 型），分度号为 K。正极为镍铬合金，其中含镍 90%，含铬 10%，负极是镍硅锰合金，一般为镍 95%，硅 1%，锰和铝各 2%。

K 型热电偶的长期使用温度 1000℃，短期 1200℃，在 500℃ 以下可在还原性、中性和氧化性气氛中可靠地工作。特点是热电势率大，灵敏度高，线性度好，显示仪表刻度均匀，价格便宜，抗氧化性能强，宜在氧化性、惰性气体中连续使用，虽然其测量精度较低，但能满足工业测温要求，是工业上最常用的廉价热电偶。

⑤ 镍铬硅－镍硅热电偶（N 型），分度号为 N。正极含镍 84%，含铬 14%～14.4%，含硅 1.3%～1.6%，负极一般为镍 95%，含硅 4.2%～4.6%，含镁 0.5%～1.5%。

N 型热电偶是国际新认定的标准热电偶，是一种比 K 型热电偶更好的能用到 1200℃ 廉价金属热电偶。特点是 1300℃ 下高温抗氧化能力强，热电动势的长期稳定性及短期热循环的复现性好，耐核辐照及耐低温性能也好，可以部分代替 S 分度号热电偶。

⑥ 镍铬-康铜热电偶（E 型），分度号为 E。正极与 K 型正极相同，负极为铜镍合金，含铜 55%，含镍 45%。

E 型热电偶的特点是在常用热电偶中，其热电动势最大，即灵敏度最高。宜在氧化性、惰性气体中连续使用，使用温度 －200～800℃；价格便宜；是一种能测量低温廉价金属热电偶。

⑦ 铜-康铜热电偶（T 型），分度号为 T。正极为铜，负极为铜镍合金，同 E 型负极。

T 型热电偶的特点是在所有廉金属热电偶中精确度等级最高，通常用来测量 300℃ 以下的温度。

⑧ 铁-康铜热电偶（J 型），分度号为 J。正极为商用铁，负极为铜镍合金，与 E、T 型负极相似，但含有多一些的钴、铁和锰，不能用 E、T 型负极来替换。

J 分度号的特点是既可用于氧化性气氛（使用温度上限 750℃），也可用于还原性气氛（使用温度上限 950℃），并且耐 H_2 及 CO 气体腐蚀，多用于炼油及化工。

（2）工业上常用热电偶　工业上常用热电偶及技术数据如表 5-1 所示。

表 5-1　常用热电偶技术数据

热电偶名称	分 度 号	热电极材料		热电极识别		测温范围/℃	
		正 极	负 极	正 极	负 极	长 期 使 用	短 期 使 用
铂铑₃₀-铂铑₆	B	铂铑₃₀合金	铂铑₆合金	较硬	较软	300～1600	1800
铂铑₁₀-铂	S	铂铑₁₀合金	纯铂	较硬	柔软	－20～1300	1600

续表

热电偶名称	分度号	热电极材料		热电极识别		测温范围/℃	
		正　极	负　极	正　极	负　极	长期使用	短期使用
镍铬-镍硅	K	镍铬合金	镍硅合金	不亲磁	稍亲磁	-50～1000	1200
镍铬-铜镍	E	镍铬合金	铜镍合金	暗绿	亮黄	-40～800	900
铁-铜镍	J	铁	铜镍合金	亲磁	不亲磁	-40～700	750
铜-铜镍	T	铜	铜镍合金	红色	银白色	-400～300	350

各种热电偶热电势与温度的一一对应关系都可以从标准数据中查得，这种数据表称为热电偶的分度表，附录一中给出了几种常用热电偶在不同温度下产生的热电势。

【例5-5】　某支铂铑$_{10}$-铂热电偶在工作时，自由端温度 $t_0 = 30℃$，测得热电势 E（t, t_0）$=14.195mV$，求被测介质的实际温度。

解　由铂铑$_{10}$-铂热电偶分度表（见附录一）可以查得

$$E(30，0) = 0.173(mV)$$

代入公式变换得

$$E(t，0) = E(t，30) + E(30，0) = 0.173 + 14.195 = 14.368(mV)$$

再由热电偶分度表可以查得 14.368mV 对应的温度 t 为 1400℃。

3. 热电偶的结构

(1) 普通型热电偶　普通型热电偶主要用于测量气体、蒸汽、液体等介质的温度。它由热电极、绝缘管、保护套管和接线盒组成，结构如图 5-23 所示。

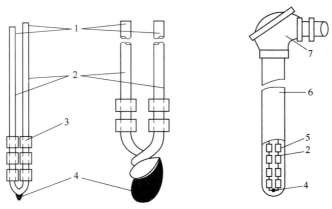

图 5-23　普通热电偶的结构
1—冷端；2—热电极；3，5—绝缘子；4—热端；6—保护套管；7—接线盒

(2) 铠装热电偶　铠装热电偶是将保护套管、绝缘材料粉末与热电极三者组合成一体，经多次拉伸制成的细长形似铁丝样的热电偶，也称套管热电偶或缆式热电偶，如图 5-24 所示。铠装热电偶特点是可做得很细很长，并且可以弯曲，热电偶的套管外径最细能达 0.25mm，长度可达 100m 以上，便于在复杂场合安装，特别适用于结构复杂（如狭小弯曲管道内）的温度测量。

4. 热电偶的冷端温度补偿

由热电偶的原则可知，热电偶热电势的大小，不仅与测量端的温度有关，而且与冷端的温度有关，是测量端温度和冷端温度的函数差。为了保证输出电势是被测温度的单值函数，

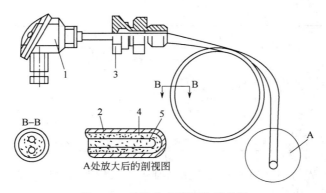

图 5-24　铠装热电偶结构示意图
1—接线盒；2—金属套管；3—固定装置；4—绝缘材料；5—热电极

就必须使冷端温度保持不变。热电偶的分度表和根据分度表刻度的显示仪表都要求冷端温度恒定为 0℃，否则将产生测量误差。然而在热电偶实际应用中，由于热电偶的冷端和热端距离通常很近，冷端又暴露于空气中，受到周围环境温度波动的影响，冷端温度很难保持恒定，保持在 0℃ 就更难。因此在应用热电偶测温时，只有将冷端温度保持为 0℃，或者是进行一定的修正，或自动补偿，才能使被测温度能真实地反映在显示仪表上。

　　（1）补偿导线　由于热电偶的材料一般都比较贵重（特别是采用贵金属时），而测温点到仪表的距离都很远，为了节省热电偶材料，降低成本，通常采用一种专用导线叫补偿导线把热电偶的冷端（自由端）延伸到温度比较稳定的控制室内，连接到仪表端子上，这既能保证热电偶冷端温度保持不变，又经济。

　　补偿导线也是由两种不同性质的金属材料制成，在一定温度范围内（0～100℃）与所连接的热电偶具有相同的热电特性，其材料为廉价金属。

　　补偿导线接线如图 5-25 所示。

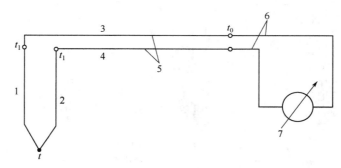

图 5-25　补偿导线接线图
1—镍铬；2—镍硅；3—铜；4—铜镍；5—补偿导线；6—铜导线；7—测温毫伏计

　　使用时值得注意的是，热电偶补偿导线的作用只起延伸热电极，使热电偶的冷端移动到控制室的仪表端子上，它本身并不能消除冷端温度变化对测温的影响，不起补偿作用，因此，还需采用其他修正方法来补偿冷端温度 $t_0 \neq 0℃$ 时对测温的影响；补偿导线与热电偶热电极的两个接点温度必须相同；必须在规定的温度范围内（0～100℃）使用；补偿导线有规定的材料和颜色，只能与相应型号的热电偶配用，极性切勿接反。常用的补偿电线如表 5-2 所示。

表 5-2 常用热电偶的补偿电线

补偿导线型号	配用热电偶	补偿导线材料		补偿导线绝缘层着色	
		正 极	负 极	正 极	负 极
SC	S	铜	铜镍合金	红色	绿色
KC	K	铜	铜镍合金	红色	蓝色
KX	K	镍铬合金	镍硅合金	红色	黑色
EX	E	镍铬合金	铜镍合金	红色	棕色
JX	J	铁	铜镍合金	红色	紫色
TX	T	铜	铜镍合金	红色	白色

（2）冷端温度补偿

① 冰浴法。冰浴法是科学实验中经常采用的一种方法，为了测温准确，可以把热电偶的冷端置于冰水混合物的容器里，保证使 t_0 在 0℃。这种办法最为妥善，补偿精度高，然而不够方便，不适用于一般工业场合。

② 校正仪表零点法。如果热电偶冷端温度 t_0 比较恒定，可预先用另一只温度计测出冷端温度 t_0，然后将显示仪表的机械零点调至 t_0 处，相当于在输入热电偶热电势之前就给显示仪表输入了电势 $E(t_0, 0)$，这样，仪表的指针就能指示出实际测量温度 t。注意这种方法只能在测温要求不太高的场合下应用。

③ 热电势的修正方法。是把测得的热电势 $E_{AB}(t, t_0)$，加上热端为室温 t_0，冷端为 0℃时的热电偶的热电势 $E_{AB}(t_0, 0)$，才能得到实际温度下的热电势 $E_{AB}(t, 0)$。再查分度表可知，对应的被测温度实际值。

④ 补偿电桥法。利用不平衡电桥产生的电势，来补偿热电偶因冷端温度变化而引起的热电势变化值。

如图 5-26 所示。补偿电桥串接在热电偶回路中，与热电偶的冷端同处于温度 t_0 下。电桥产生电势与热电偶电势串联叠加。电桥电阻 R_1、R_2、R_3 为锰铜电阻，其电阻值恒定。电阻 R_{Cu} 由铜丝绕制，随温度而变化。

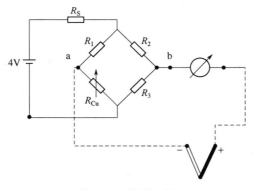

图 5-26 补偿电桥

$t_0 = 0℃$，$R_1 = R_2 = R_3 = R_{Cu} = 1\Omega$，电桥平衡，无信号输出。当 t_0 变化时，R_{Cu} 的阻值改变，电桥将输出不平衡电压 $U_{ab} = E(t_0, 0)$，从而补偿因 t_0 变化而引起的热电势的波动。

二、热电阻温度计

在中、低温区，一般使用热电阻温度计来进行温度的测量较为适宜。

热电阻温度计是由热电阻（感温元件）、显示仪表（不平衡电桥或平衡电桥）以及连接导线所组成，如图 5-27 所示。为了减小或消除引线电阻产生的测量误差，目前，热电阻引线的连接方式经常采用三线制。

图 5-27　热电阻温度计

1. 热电阻温度计的测温原理

热电阻温度计利用热电阻的电阻值随温度变化而变化的特性来进行温度测量的。对于线性变化的热电阻来说，其电阻值与温度关系如下式

$$R_t = R_0 [1 + \alpha (t - t_0)]$$
$$\Delta R_t = \alpha R_{t_0} \Delta t$$

2. 工业上常用热电阻

① 铂电阻。金属铂容易提纯，在氧化性介质中具有很高的物理化学稳定性，有良好的复制性，是目前制造热电阻的最好材料。工作范围为 $-200 \sim 850\,℃$。ITS-90 中规定 $13.8 \sim 1234.93K$ 之间，铂电阻作为标准电阻温度计来复现温标，广泛用于温度基准、标准的传递，但价格较贵。

工业上常用的铂电阻有两种，一种是 $R_0 = 10\Omega$，对应分度号为 Pt10。另一种是 $R_0 = 100\Omega$，对应分度号为 Pt100。

② 铜电阻。由于铂是贵重金属，因此，在一些测量精度要求不高且温度较低的场合，普遍采用铜电阻进行温度测量。铜电阻测量范围一般为 $-50 \sim +150\,℃$。在此温度范围内线性好，灵敏度比铂电阻高，容易提纯、加工，价格便宜，复现性好。但是铜易于氧化，一般只用于 $150\,℃$ 以下的低温测量。与铂相比，铜的电阻率低，所以铜电阻的体积较大。

工业上常用的铂电阻有两种，一种是 $R_0 = 50\Omega$，对应的分度号为 Cu50。另一种是 $R_0 = 100\Omega$，对应的分度号为 Cu100。

常用热电阻的分度表见附录一。

3. 热电阻的结构

普通热电阻通常由电阻体、引出线、绝缘套管、保护管和接线盒组成。如图 5-28 所示。

铠装热电阻是在铠装热电偶基础上发展起来的热电阻新品种，特点与铠装热电偶相近，外径尺寸可以做得很小，因此反应速度快。有良好的力学性能、耐振性和冲击性。引线和保护管做成一体，具有良好的挠性，便于使用安装。电阻体封装在金属管内，不易受有害介质的侵蚀。

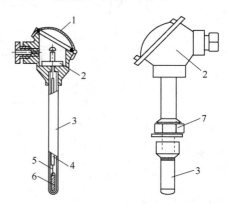

图 5-28　普通热电阻结构示意图
1—盖；2—接线盒；3—保护套管；4—绝缘套管；
5—内部导线；6—热电阻；7—连接法兰

三、常用温度显示仪表

显示仪表是对生产过程中的各种变量进行指示、记录或累积的仪表，它与各种检测元件或变送器配套使用，连续地显示或记录生产过程中各变量的变化情况。目前使用的显示仪表种类很多，按显示方式不同，可分为模拟式显示仪表、数字式显示仪表和图像式显示仪表三类。

1. 模拟式显示仪表

模拟显示仪表，即以指针或记录笔的偏转量或位移量来模拟显示被测参数连续变化的仪表。根据其测量线路，可分为直接变换式（如动圈式显示仪表）和平衡式（如电子自动平衡式显示仪表）。

动圈式显示仪表可以与热电偶、热电阻等配合来显示温度，也可以对直流毫伏信号进行显示，它是一种发展较早的模拟式显示仪表，如图5-29所示。

这里只介绍目前工业上常用的自动平衡式显示仪表，包括电子自动平衡电位差计和电子自动平衡电桥两类，它们分别与热电偶、热电阻等配用，从而实现对温度的自动连续的检测、显示和记录。

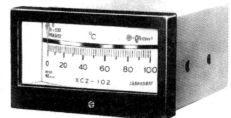

图 5-29　动圈式显示仪表

（1）电子自动平衡电位差计　电子自动平衡电位差计是根据电压平衡原理来测量毫伏电势的，即用已知可变的电压去自动平衡未知待测的电势，它与热电偶配用，实现对温度的检测、显示和记录。

电子自动平衡电位差计由测量桥路、放大器、可逆电机、指示记录机构以及滤波单元、稳压电源、调节机构等组成。其测量原理如图5-30所示。

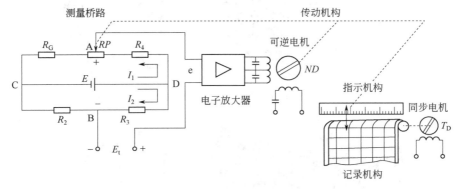

图 5-30　电子自动电位差计的测量原理图

被测电势 E_t 与测量桥路产生的不平衡电压 U_{AB} 相比较，其电压差值 $e = U_{AB} - E_t$ 送到电子放大器放大，驱动可逆电机正转或反转。可逆电机通过传动机构带动滑线电阻 RP 上的滑动触点，改变滑动触点的位置，直至测量桥路产生的电压 U_{AB} 与被测电势 E_t 平衡为止。而与滑动触点相连接的指示、记录机构也沿着标尺移动，指出相应的电势数值。

当 $e = U_{AB} - E_t > 0$ 时，可逆电机的正转，通过传动机构带动滑动触点 A 左移，U_{AB} 减小，$e = U_{AB} - E_t$ 减小，直至 $e = U_{AB} - E_t = 0$，U_{AB} 与 E_t 平衡为止；反之，当 $e = U_{AB} - E_t < 0$ 时，可逆电机的反转，使滑点 A 右移，指示数值增加。实现了自动平衡、自动指示的目的。

（2）电子自动平衡电桥　电子自动平衡电桥与热电阻配合用于测量并显示温度。它由测量桥路、放大器、可逆电机、指示记录机构等主要部分组成。与电子自动平衡电位差计相比，除测量桥路外，其他组成部分都是通用的。

其测量原理如图 5-31 所示。R_t 阻值增大，桥路失去平衡，其不平衡电压 U_{AB} 引入电子

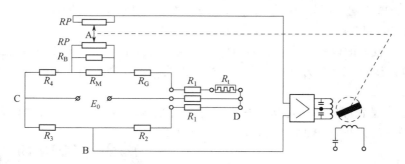

图 5-31　电子自动平衡电桥的测量原理图

放大器进行放大，推动可逆电机转动，带着滑线电阻上的滑动触点移动，以改变上支路两个桥臂电阻的阻值，最后使电桥达到新的平衡状态。同时，固定在滑动触点 A 上的指针、记录笔同步移动，指示、记录出相应的温度值。

电子自动平衡电位差计和电子自动平衡电桥相比较，其仪表外形相似，如图 5-32 所示，组成也相似，都包括放大器、可逆电机、同步电机及指示记录部分，但它们有着本质的区别。

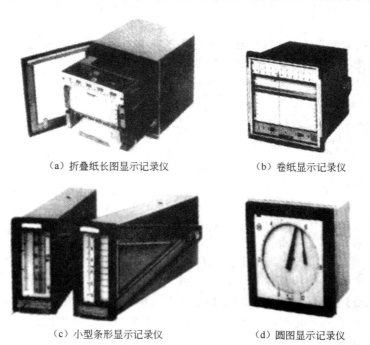

（a）折叠纸长图显示记录仪　　　　　（b）卷纸显示记录仪

（c）小型条形显示记录仪　　　　　（d）圆图显示记录仪

图 5-32　自动平衡式显示仪表外形

①　所配的测温元件不同。电子自动平衡电位差计配热电偶；电子自动平衡电桥配热电阻。

②　作用原理不同。电子自动平衡电位差计测量电桥在测量时处于不平衡，输出不平衡电压（与被测电势大小相同极性相反），与被测电势补偿，使仪表达到平衡；电子自动平衡电桥，当仪表达到平衡时，测量电桥处于平衡，即无输出。

③ 测温元件与测量电桥的连接方式不同。热电偶补偿导线采用两线制接法；热电阻采用三线制接法。

④ 电子自动平衡电位差计测温时，需考虑热电偶冷端温度补偿问题；而电子自动平衡电桥则不存在这一问题。

2. 数字式显示仪表

数字式显示仪表是直接用数字量显示或以数字形式记录打印被测变量值的仪表，如图5-33所示。它可以和多种传感器配合测量、显示各种工艺参数，并且可以进行巡回检测、越限报警及实现生产过程自动控制。数字式显示仪表具有反应速度快，精度高，读数直观，方便计算机通信等特点，目前已经越来越普遍地应用于工业生产过程中。

数字式显示仪表一般由 A/D 转换、非线性补偿、标度变换及数字显示部分组成。A/D 转换作用是通过将连续量量化，使连续变化的模拟量转换成离散变化的数字量。非线性补偿的目的是使数字显示值与被测量之间呈线性关系。标度变换的实质就是比例尺的变更，是使数字式显示仪表的测量值与被测值统一起来的过程，使数字式显示仪表能直接显示被测值。

数字式显示仪表的精度有三种表示方法：满度的 $\pm a\% \pm n$ 字、读数的 $\pm a\% \pm n$ 字、读数的 $\pm a\% \pm$ 满度的 $b\%$。系数 n 是显示仪表读数最末一位数字变化，一般 $n=1$。这是由于把模拟量转换成数字量的过程中至少要产生 ± 1 个量化单位的误差，它和被测量无关。显然，数字表的位数越多，这种量化所造成的相对误差就越小。

数字式显示仪表还有分辨力和分辨率两个概念。分辨力指仪表示值末位数字改变一个字所对应的被测变量的最小变化值，它表示了仪表能够检测到的被测量最小变化的能力。数字式显示仪表在不同量程下的分辨力不同，通常在最低量程上具有最高的分辨力，并以此作为该仪表的分辨力指标。分辨率指仪表显示的最小数值与最大数值之比。例如，最低测量范围为 0～999.9℃ 的数字温度显示仪表，最小显示 0.1℃（末位跳变 1 个字），最大显示 999.9，则分辨率为 0.01%。显然，分辨力即分辨率与最低量程的乘积。上述仪表的分辨力为 0.01%×999.9℃ 约等于 0.1℃。

图 5-33　数字式显示仪表

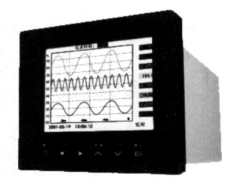

图 5-34　无纸记录仪表

3. 图像式显示仪表

随着现代化工业控制领域和电子信息技术领域的飞速发展，以 CPU 为核心的新型显示记录仪表已被越来越广泛地应用到化工、炼油、冶金、制药、造纸、建材等各行各业中。

无纸记录仪是以 CPU 为核心采用液晶显示的图像显示记录仪表，它完全摒弃传统记录仪的机械传动、纸张和笔，把记录信号转化成数字信号后，送到随机存储器加以保存，并在液晶显示屏上加以显示，如图 5-34 所示。由于记录信号是由工业专用微型处理器 CPU 来进行转化保存显示的，因此记录信号可以随意放大、缩小地显示在显示屏上，为观察记录信号状态带来极大的方便。必要时可把记录曲线或数据送往打印机进行打印或送往个人计算机加以保存和进一步处理。无纸记录仪输入信号多样化，可与热电偶、热电阻、辐射感温器或其他产生直流电压、直流电流的变送器配合使用，对温度、压力、流量、液位等工艺参数进行数字显示、数字记录；对输入信号可以组态或编程，直观地显示当前测量值，并有报警功能。

【任务七】　智能数字显示仪表的组态设置与校验

智能数字显示仪表的工作原理是被测参量的电信号，经滤波去除干扰后送入多路模拟开关，由单片机逐路选通模拟开关将各输入通道的信号逐一送入程控增益放大器，放大后的信号经 A/D 转换器转换成相应的脉冲信号后送入单片机中，单片机根据仪器所设定的初值进行相应的数据运算和处理（如非线性校正等），运算的结果被转换为相应的数据进行显示和打印，同时单片机把运算结果与存储于片内 FlashROM（闪速存储器）或 E2PROM（电可擦除存储器）内的设定参数进行运算比较后，根据运算结果和控制要求，输出相应的控制信号（如报警装置触发、继电器触点等）。

1. 材料准备

万能数字显示表　　220VAC 0.5％F.S±1 字　　1 台

开关式电阻箱　　　ZX25a 型　　　　　　　　1 台

钟表起子 1～6 号　　　　　　　　　　　　　各 1 把

软线若干

2. 智能数字显示仪表的认识和组态设置

（1）熟悉数字显示仪表的接线端子　接电源如图 5-35 所示。

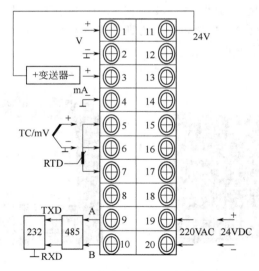

图 5-35　数字显示仪表接线端子

（2）数字显示仪表的组态设置

① 各按键在操作时的作用如下。

"SET"：用于各级功能参数分类、参数名称的循环显示和参数值的确定。

"▲"：用于各参数值的修改和选择。

"▼"：用于各参数值的修改。

"⒠"：用于进入显示屏提示的功能菜单或功能参数的设置界面。

② 菜单操作流程图如图 5-36。

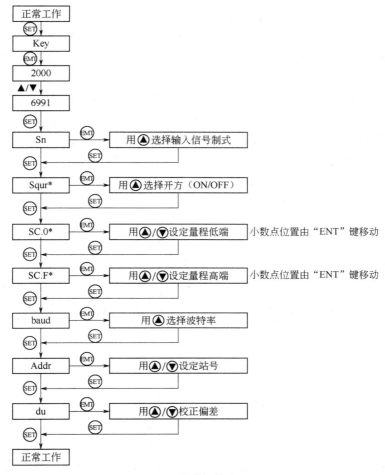

图 5-36 菜单操作流程图

③ 按表中要求，设置数字显示表的信号类型、小数点、零位和量程。

分度号选择	小数点位置	量程下限	量程上限
Pt100	1	0	400℃

3. 数字显示仪表的校验

用电阻箱模拟 0～400℃下的热电阻 Pt100，对数字显示仪表进行校验，并填写校验单（见附录二）。

【课题六】 成分分析仪表

一、成分分析仪表的基本知识

成分分析仪表是工业生产中对物质的成分及性质进行分析和检测的仪表。可用于了解生产过程中的原料、中间产品及最终产品的性质及其含量，配合其他有关参数的测量，更易于使生产过程达到提高产品质量、降低材料消耗和能源消耗的目的，还可用于保证生产安全和防止环境污染。

1. 成分分析仪表的分类

（1）按使用场合　分为实验室分析仪表和工业过程分析仪表。前者用于实验室，其分析结果比较准确，分析过程一般先通过人工取样，然后进行试样处理和分析。后者用于连续生产过程中，通过自动周期性采样，试样自动检测，并指示、记录、打印分析结果，所以工业过程分析仪表又称为在线分析仪表。

（2）按工作原理　分为热学式、磁学式、光学式、电化学式和色谱式等。

① 热学式分析仪表，如热导式、热化学式分析仪等；

② 磁学式分析仪表，如热磁式、磁力机械式分析仪等；

③ 光学式分析仪表，如红外线分析仪、光电比色式分析仪等；

④ 电化学式分析仪表，如氧化锆式、电导式分析仪等；

⑤ 色谱式分析仪表，如气相、液相色谱仪等。

2. 成分分析仪表的组成

成分分析仪表一般由对工艺介质的自动取样装置、试样预处理系统、自动分析系统、信号处理系统、显示记录部分、电源及控制系统等组成，如图 5-37 所示。

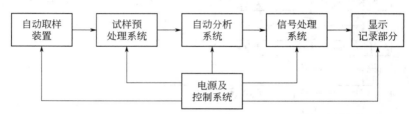

图 5-37　自动成分分析仪表的基本组成

（1）自动取样装置　其任务是将生产过程中待分析的样品引入仪表，对取样装置的要求是定时、定量地从被测对象中取出有代表性的待分析样品，送到预处理系统。

（2）试样预处理系统　其任务是将取出的待分析样品加以处理，以满足传感器对待分析样品的要求，包括稳压、稳流、恒温、除尘、除湿、清除干扰、有害组分等。预处理系统包含各种化学或物理的处理设备。

（3）自动分析系统　其任务是将被分析物质的成分或物质性质转换成电信号。自动分析系统的检测传感器是分析仪表的核心部分，一台分析仪表的技术性能在很大程度上取决于传感器。

（4）信号处理系统　其任务是对传感器输出的微弱电信号进行放大、转换、数学运算、线性补偿等信息处理工作，给出便于显示仪表显示的电信号。

（5）显示仪表　其任务是接收来自信号处理系统的电信号，以指针、记录笔位移、数字量或屏幕图文显示等方式显示出被测成分量。

（6）电源及控制系统　其任务是提供仪表正常工作所需的电源，控制各个部分自动而协调地工作。

需要指出的是，并不是所有的分析仪表都包括以上六个部分，如有的分析仪表传感器直接放在试样中，就不需要取样和预处理系统。

二、常见成分分析仪表

1. 热导式气体分析仪

热导式气体分析仪是利用气体热导率的不同来检测混合气体中某组分气体的百分含量的仪表。其结构简单、性能稳定、使用维护方便、价格便宜，工作环境要求低，应用较广，常用来分析混合气体中 H_2、CO_2、SO_2、Ar、NH_3 等气体的含量。

（1）热导气体分析原理　从气体热力学可知，不同的气体具有不同的热传导能力，通常用热导率来表示。对于不发生化学反应的多组分混合气体，总的热导率为各组分的热导率的算术平均值。混合气体的总热导率随混合气体中各组分的百分含量而改变，待测组分含量变化必然会引起总热导率的变化。

热导式气体分析仪就是利用混合气体中不同组分的热电率不同，以及混合气体的热导率随所分析组分的百分含量而改变这一物理特性来测量的。利用热导式成分分析仪分析混合气体中某种组分的百分含量，必须满足下列条件。

① 混合气体中除待测组分外，其余各组分的热导率必须近似相等。

② 待测组分的热导率与其余组分的热导率要有明显差别。差别越大，测量的精确度越高。

③ 混合气体应具有较恒定的温度。因为气体的热导率与温度有关，必须保证温度在一定的范围内恒定才能保证上面两条件的实现。

（2）检测器　由于气体的热导率很小，直接测量非常困难，在实际检测中，热导式分析仪大多是将气体热导率的变化转换为热敏电阻阻值的变化来加以测量，这一转换部件称为热导检测器。

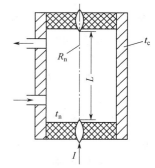

图 5-38　热导检测器原理图

热导检测器原理如图 5-38 所示。在由金属制成的圆筒形气室内垂直悬挂一根热敏电阻丝（铂丝），当通以一定强度的电流时将产生热量并向四周散热。被测气体从气室的下口流入，从上口流出，气体的流量很小，并且控制其恒定，气体带走的热量可忽略不计。热量主要通过气体传向检测器温度恒定 t_c 的气壁，传热达到热平衡时，热丝温度 t_n，电阻为 R_n。如果混合气体中待测组分含量越大，混合气体的热导率愈大，其散热愈快，平衡温度 t_n 愈低，R_n 愈小。反之，混合气体中待测组分含量越小，混合气体的热导率愈小，平衡温度 t_n 愈高，R_n 愈大，实现了将混合气体中待测组分含量的变化转换成电阻值的变化。

（3）测量电路　热导式检测器的电阻测量普遍采用电桥法。电桥法测量电路，具有线路简单、灵敏度和精度高、调整方便等优点。

电桥测量电路如图 5-39 所示。电路中采用了双电桥测量，左侧为测量电桥，右侧为参比电桥。测量电桥中 R_1 和 R_3 气室中通入被测气体，R_2 和 R_4 气室中充以测量下限浓度气体，参比电桥中 R_5 和 R_7 气室中充以测量上限浓度气体，R_6 和 R_8 气室中充以测量下限浓度气体。

参比电桥输出一固定的满量程电压 U_{CD} 加在滑线电阻 RP 的两端。若测量气室内被测气体组成含量增加时，则 R_1 和 R_3 变化，于是就有不平衡电压 U_{cd} 输出。测量电桥输出电压 U_{cd} 随被测组分含量变化。d、E 间电位差 $\Delta u = U_{dE}$，经放大器放大后，推动可逆电机带动滑线电阻 RP 的滑点 E 移动，直到 $\Delta u = 0$ 为止，此时 $U_cE = U_{cd}$。滑点 E 的位置反映测量电桥的输出电压 U_{cd}，指示待测气体含量。

双电桥测量电路中，当供电电源波动或环境温度发生变化时，将同步作用于测量电桥和参比电桥上。由于两电桥采用差动连接，干扰产生的不平衡电压相互抵消，从而有效的提高

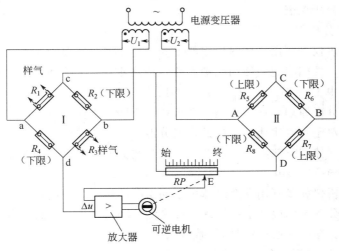

图 5-39　电桥测量电路

了测量精度，克服电源电压波动及温度变化对输出的影响。

2. 氧化锆氧分析仪

在工业生产中，燃烧过程及氧化反应过程中氧含量的测定和控制，对产品产量、质量及降低消耗等指标都直接产生重要的影响。例如锅炉燃烧控制过程中，需要测量烟气含氧量，控制进风量，从而保持最佳燃烧状态，达到降低燃料消耗、减少环境污染的目的。

氧化锆氧分析仪属于电化学分析方法，优点是灵敏度高、稳定性好、响应快、测量范围宽，它的探头工作温度高（800℃），可以直接插入被测介质中测量，适合连续分析烟气中的氧含量。

（1）基本工作原理　氧化锆氧分析仪是基于电化学中的氧浓差电池原理而设计的。氧化锆是一种陶瓷固体电解质，在纯氧化锆（ZrO_2）中掺入微量氧化钙（CaO），在高温焙烧后形成稳定的晶体结构。氧浓差电池原理如图 5-40 所示。

氧浓差电池的左侧为参比气体（空气，含氧量 20.8%），右侧为被测气体（如烟气，含氧量 3%～6%）。由于氧化锆（ZrO_2）中掺入微量氧化钙（CaO），二价钙离子 Ca^{2+} 置换了四价的锆 Zr^{4+} 离子的位置，形成氧离子空穴。在 600～800℃ 高温时，两侧混合气体中的氧气含量不同，氧离子通过空穴传导产生扩散作用。左侧铂电极失去电子带正电，右侧铂电极得到电子带负电。正负极间电荷的积累形成内部静电场，阻碍氧离子扩散运动。当扩散作用与电场作用达到平衡时，氧化锆电解质两侧的铂电极上形成稳定的氧浓差电势 E。

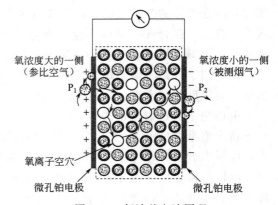

图 5-40　氧浓差电池原理

氧化锆氧分析仪在一定温度下，被测气体的氧浓度和参比气体的氧浓度之比的对数与氧浓差电势 E 成正比，根据氧浓差电势 E 的值可以求得被测气体中氧气的含量。

（2）氧化锆氧分析仪的组成　氧化锆氧分析仪由氧化锆检测器（探头）和显示控制仪两部

分组成。探头的作用是将氧气浓度转化为电势信号，而显示控制仪的作用是恒定探头中氧浓差电池温度，并将电势信号转换为氧浓度显示。带恒温装置的氧化锆氧分析仪如图 5-41 所示。

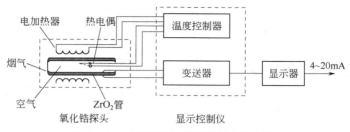

图 5-41　带恒温装置的氧化锆氧分析仪

3. 工业气相色谱仪

色谱分析是一种物理式分离分析方法，可以定性、定量地把几十种组分一次全部分析出来，能分析气样中的痕量元素，在几分钟到几十分钟内可以连续得到上百个数据，具有高效、快速、灵敏的特点。

气相色谱分析仪包括分离和分析两个技术环节。分离技术即把复杂的多组分的混合物分离开来；分析技术指经过色谱柱分离开的组分，进行定性、定量分析。气相色谱分析仪基本工作流程如图 5-42 所示。

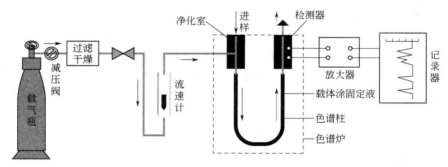

图 5-42　气相色谱分析仪基本工作流程

（1）色谱柱分离原理　色谱柱是一根内径约 1～6mm 的金属或玻璃管，管内填充有某种填料，这些填料对一定的混合物有分离作用。

气样在载气的携带下通过固定液，气样中各组分在固定液上的溶解能力各不相同。气样在通过色谱柱时，会不断被固定液溶解、挥发，再溶解、再挥发……。溶解度大的组分难挥发，向前移动的速度慢，停留在柱中的时间就长些；而溶解度小的组分易挥发，向前移动的速度快，停留在柱中的时间就短些；不溶解的组分随载气首先流出色谱柱。由于各组分流出色谱柱的先后次序不同，从而实现了各组分的分离。

（2）色谱图　样品各组分经色谱柱分离后，先后进入检测器，由检测器把各组分的浓度转化成电信号，再传送给电子记录仪，由记录仪描绘出的表示组分浓度随时间变化的峰状曲线称色谱图。

色谱图是研究色谱过程，进行定性分析和定量分析的依据。各组分从色谱柱流出的顺序与时间与色谱柱固定相、色谱柱长度、温度、载气流速等有关。在相同条件下，对各组分流出时间标定以后，可以根据色谱图中色谱峰出现的时间进行定性分析。色谱峰的高度或面积可以代表相应组分在样品中的含量，用已知浓度试样进行标定后，可以做定量分析。

（3）检测器　检测器的作用是检测从色谱柱中分离出来的各组分的含量，并把它们转换成相应的电信号输出，以便测量和记录。在工业气相色谱仪中主要用热导式检测器和氢焰离子检测器。

热导式检测器是通过测量混合气体的热导率确定气体组分含量的。它是在色相色谱中使用最早、应用最广泛的一种通用性检测器，其特点是结构简单、性能稳定、操作方便，对无机、有机样品均适应，且不破坏样品。

氢焰离子检测器是通过样气混合载气、氢气后燃烧，在火焰中电离，产生的电流与火焰中含碳有机物含量成正比来确定气体组分含量的。它对大多数有机化合物具有很高的灵敏度，是色谱仪的一种常备检测器，主要特点是结构简单、灵敏度高、线性范围宽、响应速度快，但不能检测无机物或在火焰中不电离以及电离很少的组分，且会破坏样品。

【课题七】　　　　　执行器

执行器是自动控制系统中的一个重要组成部分，控制装置的控制作用必须通过执行器去实现。执行器的作用是接收控制装置或其他仪表送来的控制信号，使控制阀的开度产生相应的变化，改变被控介质的流量，从而将被控变量稳定在工艺所要求的数值上或一定的范围内，实现生产过程自动化。

一、执行器的组成

执行器由执行机构和调节机构两个部分组成。各类执行器的调节机构的种类和构造大致相同，主要是执行机构不同。调节机构均采用各种通用的控制阀，这对生产和使用都有利。有时，为了保证执行器能正常工作，提高调节质量和可靠性，执行器还需配备一定的附件，常用的有阀门定位器、手轮机构、电/气转换器等。

1. 执行机构

执行机构是执行器的推动装置，它根据控制信号的大小，产生相应的推力，推动阀动作，所以它是将控制信号的大小转换为阀杆位移的装置。

执行机构按所使用的能源来分，有电动执行机构、气动执行机构、液动执行机构三种。三种类型执行机构的性能比较如表 5-3 所示。

表 5-3　三种执行机构的性能比较

比较项目	气动执行机构	电动执行机构	液动执行机构
结构	简单	复杂	简单
体积	中	小	大
推力	中	小	大
配管配线	较复杂	简单	复杂
动作滞后	大	小	小
频率响应	狭	宽	狭
维护检修	简单	复杂	简单
使用场合	适于防火防爆	隔爆型能防火防爆	要注意火花
温度影响	较小	较大	较大
成本	低	高	高

（1）电动执行机构　电动执行机构能源取用方便，动作灵敏，信号传输速度快，适合于远距离的信号传送，便于和电子计算机配合使用。但电动执行器一般来说不适用于防火防爆

的场合，而且结构复杂，价格贵。

（2）液动执行机构 液动执行机构多数以油压为动力源，输出力大，响应速度快，因对各个控制阀需分别设置动力源，故液动执行器价格高，在不少机械装置中随设备成套供应。

（3）气动执行机构 气动执行机构以140kPa的压缩空气为能源，以20～100kPa气压信号为输入控制信号。具有结构简单、动作可靠、性能稳定、输出力大、成本较低、安装维修方便和防火防爆等优点，在过程控制中获得最广泛的应用。但气动执行器有响应速度慢、滞后大、不适于远距离传输场合的缺点，为了克服此缺点，可采用电/气转换器或阀门定位器，使传送信号为电信号，现场操作为气动，这是电/气结合的一种形式，也是今后发展的方向。

气动执行机构常用的有薄膜执行机构和活塞执行机构两种。气动活塞式推力较大，主要适用于大口径、高压降控制阀或碟阀，但成本较高。通常情况下使用的都是气动薄膜式执行机构。

2. 调节机构

调节机构是执行器的调节部分，在执行机构推力的作用下，调节机构产生一定的位移或转角，其阀门开度相应改变，直接调节流体的流量，所以，它是将阀杆的位移转换成阀门开度的装置。

二、气动薄膜调节阀（气动薄膜执行器）

（一）气动薄膜式执行机构

气动薄膜式执行机构分为有压缩弹簧和无压缩弹簧两种。其中有压缩弹簧气动薄膜式执行机构由膜片、推杆和平衡弹簧等部分组成。它通常接受20～100kPa的标准压力信号，经膜片转换成推力，克服弹簧力后，使推杆产生位移，按其动作方式分为正作用和反作用两种形式。当输入气压信号增加时推杆向下移动称正作用，如图5-43所示。当输入气压信号增加时推杆向上移动称反作用，如图5-44所示。从外表看，正作用执行机构的信号从上膜盖进入，反作用执行机构的信号从下膜盖进入。在工业生产中口径较大的控制阀通常采用正作用方式的气动执行机构。

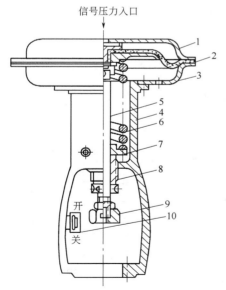 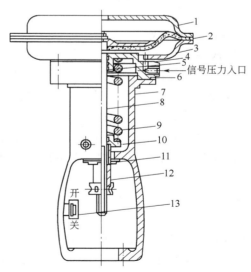

图 5-43　正作用式气动薄膜执行机构
1—上膜盖；2—波纹膜片；3—下膜盖；4—支架；
5—推杆；6—弹簧；7—弹簧座；8—调节件；
9—连接阀杆螺母；10—行程标尺

图 5-44　反作用式气动薄膜执行机构
1—上膜盖；2—波纹膜片；3—下膜盖；4—密封膜片；
5—密封环；6—填块；7—支架；8—推杆；
9—弹簧；10—弹簧座；11—衬套；
12—调节件；13—行程标尺

气动执行机构的输出是位移，输入是压力信号，平衡状态时，它们之间的关系称为气动执行机构的静态特性，即：

$$PA = KL$$

$$L = \frac{PA}{K}$$

式中　　P—执行机构输入压力；

　　　　A—膜片的有效面积；

　　　　K—弹簧的弹性系数；

　　　　L—执行机构的推杆位移。

当执行机构的规格确定后，A 和 K 便为常数，因此执行机构输出的位移 L 与输入信号压力 P 成比例关系。当信号压力 P 加到薄膜上时，此压力乘上膜片的有效面积 A，得到推力，使推杆移动，弹簧受压，直到弹簧产生的反作用力与薄膜上的推力相平衡为止。显然，信号压力越大，推杆的位移也即弹簧的压缩量也就越大。推杆的位移范围就是执行机构的行程。

有弹簧气动薄膜执行机构的行程有 10、16、25、40、60、100（mm）等规格，信号压力从 20kPa 增加到 100kPa，推杆则从零走到全行程，阀门就从全开（或全关）到全关（或全开）。其膜片的有效面积有 200、280、400、630、1000、1600（cm²）六种规格，膜片的有效面积越大，执行机构的推力和位移也就越大。

（二）调节机构

调节机构（最常见的是控制阀）是执行器的调节部分，从流体力学的现象来看，控制阀是一个局部阻力可以变化的节流元件，它与被控介质直接接触，在执行机构的推动下，阀芯产生一定的位移（或转角），改变阀芯与阀座间的流通面积，从而达到调节被控介质流量的目的。控制阀安装在工艺管道上直接与被介质接触，使用条件比较恶劣，它的好坏直接影响控制质量。

1. 控制阀的组成

控制阀主要由上下阀盖、阀体、阀座、阀芯、阀杆、填料和压板等零部件组成。如图 5-45 所示。阀芯和阀杆连接在一起，连接方法可用紧配合销钉固定或螺纹连接销钉固定。上、下阀盖都装有衬套，为阀芯移动起导向作用。它还有一个斜孔，连通阀盖内腔与阀后内腔，当阀芯移动时，阀盖内腔的介质很容易经斜孔流入阀后，不致影响阀芯的移动。

阀芯是控制阀关键的零件，阀芯有正装和反装两种形式。阀芯向下移动使阀芯与阀座之间的流通面积减小的阀称为正装阀，反之则称为反装阀。

根据阀芯的动作形式，调节机构可分为直行程和角行程两大类。直行程调节机构有：直通单座阀、直通双座阀、角形阀、三通阀、高压阀、隔膜阀、波纹管密封阀、超高压阀、小流量套筒阀、低噪声阀等；角行程调节机构有：碟阀、V形球阀和 O 形球阀。

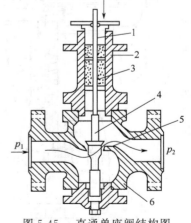

图 5-45　直通单座阀结构图
1—阀杆；2—上阀盖；3—填料；
4—阀芯；5—阀座；6—阀体

上阀盖是装在控制阀的执行机构与阀体之间的部件，其中上阀盖内一般具有填料室，内装聚四氟乙烯或石墨石棉填料，起密封作用，能适应不同的工作温度和密封要求。

2. 阀的结构类型

根据不同的使用要求，控制阀有多种多样，各具不同特点，其中主要的有以下几种类型。如图 5-46 所示。

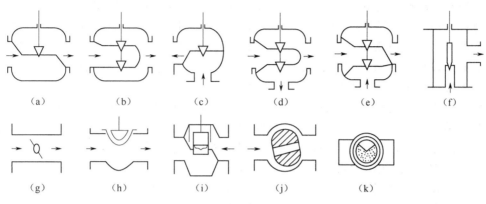

图 5-46　控制阀的主要类型示意图

（1）直通单座阀　直通单座阀的阀体内只有一个阀芯和阀座，如图 5-46（a）所示。这一结构特点使它容易保证密闭，因而泄漏量很小（甚至可以完全切断）。同时，由于只有一个阀芯，流体对阀芯的推力不能像双座阀那样相互平衡，因而不平衡力很大，尤其在高压差、大口径时，不平衡力更大。因此，直通单座阀适用于泄漏要求严、阀前后压差较小、小管径的场合。

（2）直通双座阀　直通双座阀结构与直通单座阀类似，只是它的阀体内有两个阀芯和阀座，如图 5-46（b）所示。双座阀的阀芯采用双导向结构，只要把阀芯反装，就可以改变它的作用形式。因为流体作用在上、下两阀芯上的不平衡力可以相互抵消，因此双座阀的不平衡力小，允许使用压差较大，流通能力比同口径的单座阀大。但双座阀上、下阀不易同时关闭，故泄漏量较大，尤其使用于高温或低温时，材料的热膨胀差更容易引起较严重的泄漏。所以双座阀适用于两端压差较大的、泄漏量要求不高的场合，不适用于高黏度介质和含纤维介质的场合。

（3）角形阀　角形阀阀体为角形，如图 5-46（c）所示，其他方面的结构与单座阀相似，其阀芯为单导向结构，只能正装。这种阀流路简单，阻力小、阀体内不易积存污物，所以特别有利于高压差、高黏度、含悬浮颗粒的流体控制。从流体的流向看，有侧进底出和底进侧出两种，一般采用底进侧出，但在高差压场合，为了延长阀芯使用寿命，可采用侧进底出的方式，这样，也有利于介质的流动，但侧进时应避免在小开度使用，否则易产生振荡。

（4）三通阀　三通阀阀体有三个接管口，适用于三个方向流体的管路控制系统，大多用于热交换器的温度调节、配比调节和旁路调节。其阀芯为单导向结构，只能正装。在使用中应注意流体温度不宜过大，通常小于 150℃，否则会使三通阀产生较大应力而引起变形，造成连接处泄漏或损坏。

三通阀有三通分流阀［如图 5-46（d）所示］和三通合流阀［如图 5-46（e）所示］两种类型。三通合流阀为流体由两个输入口流进、混合后由一出口流出；三通分流阀为流体由一口进，分为两个出口流出。

（5）高压阀　高压阀是专为高静压、高差压系统使用的一种特殊阀门，如图 5-46（f）所示，使用的最大公称压力在 320×10^5 Pa 以上；一般为铸造成型的角形结构。为适应高压差，阀芯头部可采用硬质合金或可淬硬钢渗铬等，阀座则采用可淬硬渗铬。其阀芯为单导向结构，只能正装。高压阀的不平衡力很大，需要配用阀门定位器。

（6）蝶阀　蝶阀又称翻板阀，如图 5-46（g）所示。蝶阀的流量特性在 60°转角前与等百分比特性相似，60°后转矩增大，工作不稳定，特性也不好，所以蝶阀常在 60°转角范围内使用。它的结构简单而紧凑，重量轻，其特点是阻力损失小、结构简单、价格低，使用寿命长，但泄漏量较大。特别适用于低压差、大口径、大流量气体及悬浮固体物质的流体的场合，常用于燃烧系统的风量控制和压缩机控制系统中。

（7）隔膜阀　隔膜阀采用了具有耐腐蚀衬里的阀体和耐腐蚀的隔膜代替阀的组件，由隔膜起控制作用，如图 5-46（h）所示。这种阀的流路阻力小，流通能力大，耐腐蚀，适用于强腐蚀性、高黏度或带悬浮颗粒与纤维的介质流量控制。但耐压、耐高温性能较差，一般工作压力小于 1MPa，使用温度低于 150℃。

（8）套筒阀　套筒阀也称笼式阀，其结构如图 5-46（i）所示。它是在一个单座阀的阀体内插入了一个可拆装的圆柱形的套筒，并以套筒为导向，装配了一个能沿轴向自由滑动的阀芯。套筒阀的允许压差大，不易振荡，稳定性好，噪声低，阀芯也不易受损，套筒阀的阀座不用螺纹连接，维修方便、通用性强。

（9）球阀　球阀按阀芯形式不同，可分为 O 形球阀和 V 形球阀。如图 5-46（j）和（k）中所示。

O 形球阀的球体上开有一个直径和管道直径相等的通孔，阀杆可以使球体在密封座中旋转，从全开位置到全关位置的转角为 90°。这种阀结构简单，密封可靠，维修方便，其流量特性是快开特性，一般作两位调节用，通常只适用于 220℃ 以下的温度和 100kPa 以下的压力，不适用于腐蚀性流体。

V 形球阀的球体上开有一个 V 形口，与阀座之间有剪切作用，可以切断纤维的流体，如纸浆、纤维、含颗粒的介质，关闭性能好，流通能力大，流量特性近似等百分比特性，可调比大，结构简单，维修方便，但使用温度、压力受限，不适用于腐蚀性流体。

（三）气动薄膜调节阀的作用方式

气动薄膜调节阀的作用方式有气开和气关两种形式。所谓气开阀是随着信号压力的增加而开度增大，无信号时，阀处于全关状态；反之，气关阀是随着信号压力的增加阀逐渐关闭，无信号时，阀处于全开状态。

对于一个具体的控制系统来说，究竟选气开阀还是气关阀，即在阀的气源信号发生故障或控制系统某环节失灵时，阀处于全开的位置，还是处于全关的位置，要由具体的生产工艺来决定，经常根据以下几条原则进行选择。

① 首先要从生产安全出发，即当气源供气中断，或控制器出故障而无输出，或控制阀膜片破裂而漏气等而使控制阀无法正常工作以致阀芯回复到无能源的初始状态（气开阀回复到全关，气关阀回复到全开），应能确保生产工艺设备的安全，不至于发生事故。如生产蒸汽的锅炉水位控制系统中的给水控制阀，为了保证发生上述情况时不至于把锅炉烧坏，控制阀应选气关式。

② 从保证产品质量出发，当发生控制阀处于无能源状态而回复到初始位置时，不应降低产品的质量，如精馏塔回流量控制阀常采用气关式，一旦发生事故，控制阀全开，使生产

处于全回流状态，防止不合格产品送出，从而保证塔顶产品的质量。

③ 从降低原料、成品、动力消耗来考虑。如控制精馏塔进料的控制阀就常采用气开式，一旦控制阀失去能源即处于全关状态，不再给塔进料，以免造成浪费。

④ 从介质的特点考虑。精馏塔塔釜加热蒸汽控制阀一般选气开式，以保证在控制阀失去能源时能处于全关状态避免蒸汽的浪费，但是如果釜液是易凝、易结晶、易聚合的物料时，控制阀则应选气关式以防控制阀失去能源时阀门关闭，停止蒸汽进入而导致釜内液体的结晶和凝聚。

三、辅助装置

1. 气动阀门定位器

气动阀门定位器是各种气动执行装置的主要配套件。它与气动控制阀配套使用，组成闭环系统，利用反馈原理来改善控制阀的定位精度和提高灵敏度，并能以较大功率克服阀杆的摩擦力、介质的不平衡力等影响，从而使控制阀门位置能按控制仪表来的控制信号实现正确定位。

气动阀门定位器一般由凸轮、量程、零位、反馈杆等组件构成。如图 5-47 所示。

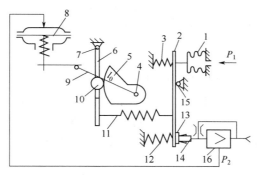

图 5-47 气动阀门定位器

1—波纹管；2—主杠杆；3—量程弹簧；4—反馈凸轮支点；5—反馈凸轮；6—副杠杆；
7—副杠杆支点；8—薄膜执行机构；9—反馈杆；10—滚轮；11—反馈弹簧；
12—调零弹簧；13—挡板；14—喷嘴；15—主杠杆支点；16—放大器

气动阀门定位器是按力平衡原理设计和工作的。当信号压力 P_1 作用于波纹管 1 时，产生力作用在主杠杆 2 上，使主杠杆绕支点 15 逆时针方向转动，挡板 13 靠近喷嘴 14，喷嘴背压经放大器 16 放大后，送入薄膜执行机构 8，使阀杆向下移动，并带动反馈杆 9（摆杆）绕支点逆时针方向转动，连接在同一轴上的反馈凸轮 5（偏心凸轮）也跟着作逆时针方向转动，通过滚轮 10 使副杠杆 6 绕支点 7 转动，并将反馈弹簧 11 拉伸、弹簧对主杠杆 2 的拉力与信号压力作用在波纹管上的力达到力矩平衡时仪表达到平衡状态。此时，一定的信号压力就与一定的阀门位置相对应。通过调零弹簧 12 和量程弹簧 3 可以实现定位器零点和量程的调整。

以上作用方式为正作用，若要改变作用方式，只要将凸轮翻转即可。所谓正作用定位器，就是信号压力增加，输出压力亦增加；所谓反作用定位器，就是信号压力增加，输出压力则减少。

一台正作用执行机构只要装上反作用定位器，就能实现反作用执行机构的动作；相反，一台反作用执行机构只要装上反作用定位器，就能实现正作用执行机构的动作。

2. 电-气阀门定位器

电-气阀门定位器不仅可以起到阀门定位器的作用，还可以实现电-气转换器的作用。采用电-气阀门定位器后，可用电动控制器输出的 0~10 mA 或 4~20 mA DC 电流信号去操纵气动执行机构。

电-气阀门定位器的组成如图 5-48 所示。

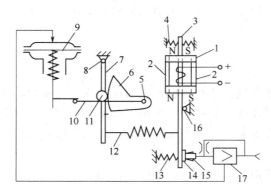

图 5-48　电-气阀门定位器

1—永久磁钢；2—导磁体；3—主杠杆（衔铁）；4—平衡弹簧；5—反馈凸轮支点；6—反馈凸轮；
7—副杠杆；8—副杠杆支点；9—薄膜执行机构；10—反馈杆；11—滚轮；12—反馈弹簧；
13—调零弹簧；14—挡板；15—喷嘴；16—主杠杆支点；17—放大器

当由控制装置或其他仪表来的电流信号通入到力矩马达线圈中时，在马达的气隙中产生一个磁场，它与永久磁铁产生的磁场作用后，使衔铁带动主杠杆 3 产生一个向左的力，使主杠杆绕支点 16 转动，挡板靠近喷嘴，喷嘴背压经放大器 17 放大后，送入薄膜室 9，使气动薄膜控制阀的气室压力增加，导致阀杆向下移动，并带动反馈杆 10 绕凸轮支点 5 转动，反馈凸轮 6 也跟着转动，通过滚轮 11 使副杠杆 7 绕支点 8 转动，并将反馈弹簧 12 拉伸，弹簧对主杠杆的力矩与电流信号使力矩马达作用在主杠杆上的力矩相平衡时仪表达到平衡状态。此时，一定的电信信号就对应于一定的阀门位置。

3. 安全栅

变送器和执行器安装在生产现场，如果现场存在易燃易爆的气体、液体或粉末，一旦发生危险火花，就可能引起燃烧或爆炸事故。安全栅又称安全保持器，是一种对送往现场的电压和电流进行严格限制的单元，把电路在短路、开断及误操作等各种状态下可能发生的火花都限制在爆炸性气体的点火能量之下，保证进入现场的电功率在安全的范围之内，从爆炸发生的根本原因上采取措施解决防爆问题，因此被广泛用于石油、化工等危险场所的控制。

图 5-49 是安全火花防爆系统的基本结构图。现场仪表与控制室仪表之间通过安全栅相连。

安全栅的种类很多，有电阻式、齐纳式、隔离式等。齐纳式安全栅利用齐纳二极管（又称单向击穿二极管）的击穿特性进行限压，用电阻进行限流，是一种应用较多的安全单元，其原理线路如图 5-50 所示。

当输入电压 V_i 在正常范围（24V）内时，齐纳二极管 VD_1、VD_2 不动作，只有当输入出现过电压，达到齐纳二极管击穿电压（约 28V）时，齐纳管导通，于是大电流流过快速熔丝 F，使熔丝很快熔断，一方面保护齐纳二极管不致损坏，同时使危险电压与现场隔离。在熔

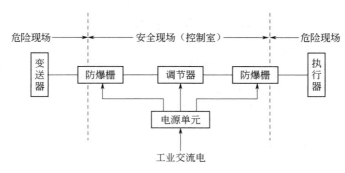

图 5-49　安全火花防爆系统的基本结构

丝熔断前，安全栅输出电压 V_O 不会大于齐纳二极管 VD_1 的击穿电压 V_Z，而进入现场的电流被限流电阻 R_1 限制在安全的范围之内。图 5-50 中为保证限压的可靠性，用了两级齐纳二极管限压电路。

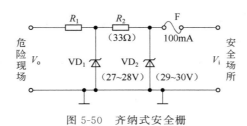

图 5-50　齐纳式安全栅

【任务八】　气动薄膜调节阀的安装和使用

1. 材料准备

空压机　　　　　　　ZB-0.08/8 型　　　1 台
气动薄膜调节阀　　　HTS-16B　　　　　1 台
阀门定位器　　　　　HEP15　　　　　　1 台
精密压力表　　　　　0.4 级　　　　　　1 台
扳手　　　　　　　　12″、14″　　　　　2 把
十字螺丝刀　　　　　2″　　　　　　　　1 把
一字螺丝刀　　　　　2″　　　　　　　　1 把
钟表起子　　　　　　1～6 号　　　　　各 1 把
仪表油若干

2. 气动薄膜调节阀的安装

安装步骤如下。

① 安装阀内件，包括垫片、导向环和阀芯。

② 对角装上阀盖螺丝，要求不能一次锁死；注意不能锁太紧，以免给拆卸带来不便，上阀盖安装避免响声太重。

③ 安装密封填料，一个填料压环，一个填料压板。

④ 安装支架，注意方向不要装反。

⑤ 上支架固定环，注意松紧适当。

⑥ 安装阀杆、螺母以及指针，注意指针方向不能装反，指针不能锁死。

⑦ 安装弹簧、膜片，及上阀盖。注意气信号管的方向及膜头螺丝安装次序。

⑧ 对角紧螺丝，先上吊环螺丝，再上其他螺丝。

⑨ 上开口螺丝，注意要对准丝扣，不能一次锁死。

⑩ 使指针对准初始位置，固定开口螺丝、指针；因调校需要，需将百分表推杆安装在锁紧螺丝与指针块之间并锁紧。

⑪ 装阀门定位器，接线，注意正负极性。

⑫ 正确安装百分表并调零。

3. 气动薄膜调节阀的使用

① 气源压力设定为 100kPa。

② 零位和量程调整。先把信号减到 0 调整零位使指针对准 0 位置，然后增加信号到 50％再调定位器位置以及插销位置使反馈杆水平；反复调零位和量程直至最佳。

③ 给定输入信号，压力值分别为 0％、20％、40％、60％、80％、100％时，观察阀杆的行程位移。

【考核内容与配分】

单 元	考 核 内 容	考 核 权 重
【课题一】检测技术基础	测量误差的分析及计算，检测仪表的精度、变差的分析及计算	15％
【课题二】压力检测仪表	弹簧管压力表的结构、原理，压力检测仪表的选择、安装，弹簧管压力表和差压变送器的使用	20％
【课题三】物位检测仪表	静压式液位计的原理、使用，零点迁移问题的分析计算，浮力式物位计的测量原理及使用	15％
【课题四】流量检测仪表	差压式流量计、转子流量计、电磁流量计的特点及使用	10％
【课题五】温度检测仪表	热电偶温度计、热电阻温度计的原理及使用，热电偶的冷端补偿方法，温度显示仪表的使用	20％
【课题六】成分分析仪表	热导式气体分析仪、氧分析仪和气相色谱分析仪的使用	5％
【课题七】执行器	气动薄膜调节阀及常用辅助装置的使用	15％

【思考题与习题】

5-1. 检测仪表由哪几部分组成？各部分有何作用？

5-2. 按误差产生的原因不同，误差有哪几种类型？各有何特点？产生的原因是什么？

5-3. 检测仪表的性能指标有哪些？分别表示什么意义？

5-4. 被测温度为 400℃，现有量程范围为 0～500℃、精度为 1.5 级和量程范围为 0～1000℃、精度为 1.0 级的温度仪表各一块，问选用哪一块仪表进行测量更准确？为什么？

5-5. 某台具有线性关系的温度变送器，其测温范围为 0～200℃，变送器的输出为 4～20mA。对这台温度变送器进行校验，得到下列数据：

输入信号/℃	标准温度	0	50	100	150	200
输出信号/mA	正行程读数 $x_{正}$	4	8	12.01	16.01	20
	正行程读数 $x_{反}$	4.02	8.10	12.10	16.09	20.01

试根据以上校验数据确定该仪表的变差、准确度等级。

5-6. 弹簧管压力表的测压原理是什么？试简述弹簧管压力表的主要组成及测压过程。

5-7. 某台空气压缩机的缓冲罐，其工作压力为 1.1～1.6MPa，工艺要求就地观察罐内的压力，并要求测量结果的误差不得大于罐内压力的±1.2%，试选择一只合适的压力表（类型、测量范围、精度等级）。

5-8. 安装压力表要注意什么问题？

5-9. 按工作原理分类物位检测仪表有哪几种主要类型？各有什么特点？

5-10. 利用静压式液位计测液位时，为什么要进行零点迁移？迁移的实质是什么？

5-11. 恒浮力式液位计和变浮力式液位计在测量原理上有什么不同？

5-12. 流量检测仪表分类有哪些？

5-13. 差压式流量计测量流量的原理是什么？标准节流装置有哪几种形式？

5-14. 差压式流量计三阀组的作用是什么？投用时如何启动差压计？

5-15. 电磁流量计的工作原理是什么？它对被测介质有什么要求？

5-16. 热电偶温度计由哪几部分组成？热电偶的测温原理是什么？工业上常用的热电偶有哪几种？

5-17. 用铂铑 10-铂热电偶进行温度检测，热电偶的冷端温度 $t_0 = 30℃$，显示仪表的温度读数（假定此仪表是不带冷端温度自动补偿且是以温度刻度的）为 985℃，试求被测温度的实际值。

5-18. 热电阻温度计由哪几部分组成？工业上常用的热电阻有哪几种？

5-19. 为什么热电阻与显示仪表配用都要采用三线制接法？

5-20. 显示仪表的显示方式有哪几种？

5-21. 分析仪表一般由哪些部分组成？各部分的作用是什么？

5-22. 氧化锆氧分析仪的测量原理是什么？主要用在什么场合？

5-23. 简述气相色谱分析仪的测量原理。

5-24. 执行装置由哪几部分组成？各部分的作用是什么？

5-25. 什么是正作用执行机构？什么是反作用执行机构？从外表上如何区分？

5-26. 控制阀的调节机构主要有哪几种结构形式？各有什么特点？适用于什么场合？

模块六　过程控制系统

【学习目标】

　　通过本模块的学习，了解过程控制系统的本质与特点，理解过程控制系统的结构、类型、工作原理，掌握控制系统的控制规律、控制器参数对系统控制质量的影响；掌握被控对象参数对控制系统质量的影响。掌握简单控制系统的分析、设计、应用及系统投运和控制器参数整定方法。掌握串级控制系统的特点、应用和设计。

【课题一】　过程自动控制系统的基本知识

一、过程自动控制系统的概念

1. 过程控制系统的组成

图 6-1 所示锅炉汽包水位自动控制的示意图。自动控制的过程简述如下：

液位测量变送器检测锅炉汽包水位的变化，并将汽包水位高低这一物理量转换成仪表间的标准统一信号。控制器接受液位测量变送器的输出标准统一信号，与工艺控制要求的目标水位信号相比较得出偏差信号的大小和方向，并按一定的规律运算后输送一个对应的标准统一信号。控制阀接受控制器的输出信号后，根据信号的大小和方向控制阀门的开度，从而改变给水量，经过反复测量和控制使锅炉汽包水位达到工艺控制要求。

过程控制系统由被控对象、测量变送器、控制器和控制阀四个基本环节组成。

（1）被控对象　它是控制系统的主体，在自动控制系统中，将需要控制其工艺变量的生产设备或机器叫做被控对象，如常压塔、精馏塔、锅炉等。

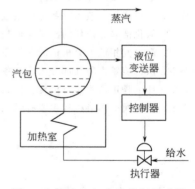

图 6-1　锅炉汽包水位控制示意图

（2）测量变送器　通常包括检测元件和变送器两部分。其作用是将被控制的物理量检测出来并转换成工业仪表间的标准统一信号。

（3）控制器　其作用是将测量值与目标值比较得出偏差，按一定的规律运算后对控制阀（执行机构）发出相应的控制信号或指令。

（4）控制阀　通称执行机构。其作用是依据控制器发出的控制信号或指令，改变控制量，对被控对象产生直接的控制作用。

2. 过程控制系统的方框图

为了便于分析过程控制系统，采用方框图的形式来表示控制系统的结构、环节之间的相互关系和信号间的联系，如图 6-2 所示。

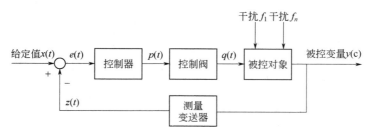

图 6-2　过程控制系统的方框图

名词术语的解释如下。

（1）被控变量 $y(t)$　被控变量是表征生产设备或过程运行状况，需要加以控制的变量。也是过程控制系统的输出量。

（2）给定值（设定值）$x(t)$　是一个与控制要求（期望值）被控变量相对应的信号值，也是过程控制系统的输入量。

（3）干扰 $f(t)$　在生产过程中，凡是影响被控变量的各种外来因素都叫干扰作用。它也是过程控制系统的输入量。

（4）操纵变量 $q(t)$　用以克服干扰变量的影响，具体实现控制作用使被控变量达到给定值的变量叫做操纵变量。用来实现控制作用的物料一般称为操纵介质或操纵剂。

（5）测量值 z　测量值是检测元件与变送器的输出信号值。

（6）偏差 $e(t)$　在过程控制系统中，规定偏差是给定值与测量值之差。即：$e(t) = x(t) - z(t)$。

（7）反馈　把系统的输出信号通过检测元件与变送器又引回到系统输入端的作法称为反馈。当系统输出端送回的信号取负值与设定值相加时，属于负反馈；当反馈信号取正值与设定值相加时，属于正反馈。自动控制系统一般采用的是负反馈。

二、过程自动控制系统的过渡过程和品质指标

1. 过程控制系统的静态与动态

静态：被控变量不随时间而变化的平衡状态称静态或稳态。

动态：被控变量随时间而变化的不平衡状态称动态或暂态。

2. 过程控制系统的过渡过程

过程控制系统的过渡过程：在给定值发生变化或系统受到干扰作用后，系统将从原来的平衡状态经历一个过程进入另一个新的平衡状态。

过程控制系统的基本技术性能要求如下。

（1）稳定性　所谓稳定，就是系统受到干扰作用时，系统经过一段时间后，过渡过程就会结束，最终恢复到稳定工作状态。稳定是系统能否正常工作的首要条件。

（2）准确性　系统稳定时被控变量与给定值差别程度。

（3）快速性　系统的输出对输入作用的响应快慢程度，过渡过程时间要尽可能的短。

过渡过程形式：系统在阶跃信号作用下，被控变量随时间的变化有以下几种形式。如图 6-3 所示。图中 $y(t)$ 表示被控变量。

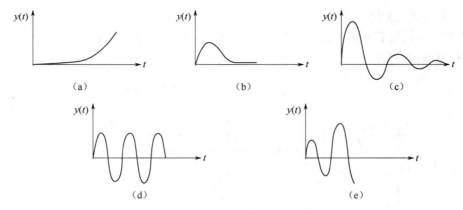

图 6-3   过渡过程的基本形式

3. 过程控制系统的品质指标

① 余差（C）：余差是控制系统过渡过程终了时，被控变量新的稳态值 $y(\infty)$ 与给定值 x 之差。或者说余差就是过渡过程终了时存在的残余偏差，用 C 表示。即

$$C = y(\infty) - x$$

② 最大偏差（A）： 最大偏差是指在过渡过程中，被控变量偏离设定值的最大数值。

超调量（B）： 过渡过程曲线超出新稳态值的最大值。

对于有差控制系统，超调量习惯上用百分数 σ 来表示，即

$$\sigma = \frac{A - y(\infty)}{y(\infty)} \times 100\% = \frac{B}{C} \times 100\%$$

③ 峰值时间 t_p： 峰值时间是指过渡过程曲线达到第一个峰值所需要的时间。

④ 衰减比（n）： 衰减比是指过渡过程曲线同方向的前后相邻两个峰值之比，用 n 表示。

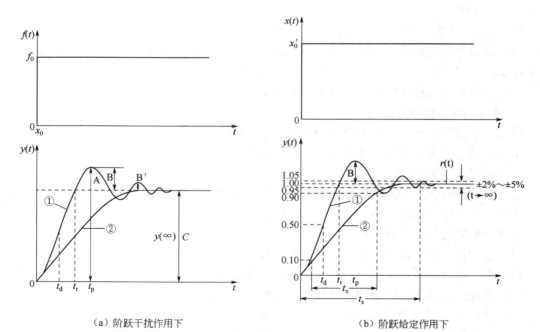

（a）阶跃干扰作用下   （b）阶跃给定作用下

图 6-4   过渡过程质量指标示意图

⑤ 延迟时间 t_d：被控变量达到 50% 所需的时间。

⑥ 上升时间 t_r：被控变量第一次达到稳态值所需的时间。当相应为非振荡周期振荡过程时，定义为输出量从稳态值 10% 上升到 90% 所需的时间。

⑦ 过渡时间 t_s：过渡时间是从干扰作用开始，到系统重新建立平衡为止，过渡过程所经历的时间。

⑧ 振荡周期（T）或频率（f）：过渡过程同向两个波峰（或波谷）之间的间隔时间称为振荡周期或工作周期，用 T 表示。其倒数称为振荡频率，一般用 f 表示。

过渡过程质量指标示意图如图 6-4。

【例 6-1】 某石油裂解炉工艺要求的操作温度为（890±10）℃，为了保证设备的安全，在过程控制中，辐射管出口温度偏离设定值最高不得超过 20℃。温度控制系统在单位阶跃干扰作用下的过渡过程曲线如图 6-5 所示。试分别求出最大偏差、余差、衰减比、振荡周期和过渡时间等过渡过程质量指标。

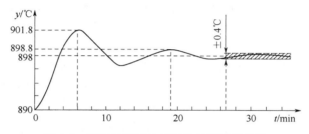

图 6-5　裂解炉温度控制系统过渡过程曲线

解　① 最大偏差：$A = 901.8 - 890 = 11.8$（℃）；

② 余差：$C = 898 - 890 = 8$（℃）；

③ 第一个波峰值：$B = 901.8 - 898 = 3.8$（℃），第二个波峰值：$B' = 898.8 - 898 = 0.8$（℃），衰减比：$n = 3.8 : 0.8 = 4.75 : 1$；

④ 振荡周期：$T = 19 - 6 = 13$（min）；

⑤ 过渡时间与规定的被控变量限制范围大小有关。假定被控变量进入额定值的 ±5%，就可以认为过渡过程已经结束。那么限制范围为（898℃ − 890℃）×（±5%）= ±0.4（℃），这时，可在新稳态值（898℃）两侧以宽度为 ±0.4℃ 画一区域，图 6-5 中以画有阴影线的区域表示，只要被控变量进入这一区域且不再越出，过渡过程就可以认为已经结束。因此，从图上可以看出，过渡时间大约为 $t_s = 27\text{min}$。

4. 影响过程控制系统过渡过程品质的主要因素

一个过程控制系统包括两大部分，即工艺过程部分（被控对象）和自动化装置。前者是指与该过程控制系统有关的部分。自动化装置指的是为实现自动控制所必需的自动化仪表设备，通常包括测量与变送、控制器和执行器等三部分。对于一个过程控制系统，过渡过程品质的好坏，很大程度上决定于对象的性质。下面通过蒸汽加热器温度控制系统来说明影响对象性质的主要因素。如图 6-6 所示，从结构上分析可知，影响过程控制系统过渡过程品质的主要因素有：换热器的负荷的波动；换

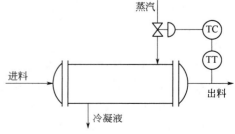

图 6-6　蒸汽加热器温度控制系统

热器设备结构、尺寸和材料；换热器内的换热情况、散热情况及结垢程度等。对与已有的生产装置，对象特性一般是基本确定。自动化装置应按对象性质加以选择和调整。自动化装置的选择和调整不当，也直接影响控制质量。此外，在控制系统运行过程中，自动化装置的性能一旦发生变化，如阀门失灵、测量失真，也要影响控制质量。

三、过程自动控制系统的对象特性

1. 描述对象特性的三个参数

（1）放大系数 K　　放大系数 K 在数值上等于对象处于稳定状态时输出的变化量与输入的变化量之比，即

$$K = \frac{\text{输出的变化量}}{\text{输入的变化量}}$$

由于放大系数 K 反映的是对象处于稳定状态下的输出和输入之间的关系，所以放大系数是描述对象静态特性的参数。

（2）时间常数 T　　时间常数是指当对象受到阶跃输入作用后，被控变量如果保持初始速度变化，达到新的稳态值所需的时间。或当对象受到阶跃输入作用后，被控变量达到新的稳态值的 63.2% 所需时间。

时间常数 T 是反映被控变量变化快慢的参数，因此它是对象的一个重要的动态参数。

（3）滞后时间 τ　　滞后时间 τ 是纯滞后时间 τ_0 和容量滞后 τ_c 的总和。

输出变量的变化落后于输入变量变化的时间称为纯滞后时间，纯滞后的产生一般是由于介质的输送或热的传递需要一段时间引起的。容量滞后一般是因为物料或能量的传递需要通过一定的阻力而引起的。

滞后时间 τ 也是反映对象动态特性的重要参数。

2. 扰动通道和控制通道对控制质量的影响

对于一个被控对象来说，输入量是扰动量和操纵变量，而输出是被控变量。由对象的输入变量至输出变量的信号联系称为通道。操纵变量至被控变量的信号联系称为控制通道；扰动量至被控变量的信号联系称为扰动通道。

一般来说，对于不同的通道，对象的特性参数（K、T、τ）对控制作用的影响是不同的。

（1）对于扰动通道　　放大系数 K 大，操纵变量的变化对被控变量的影响就大，即控制作用对扰动的补偿能力强，余差也小；放大系数 K 小，控制作用的影响不显著，被控变量的变化缓慢。但 K 太大，会使控制作用对被控变量的影响过强，使系统的稳定性下降。

在相同的控制作用下，时间常数 T 大，则被控变量的变化比较缓慢，此时对象比较平稳，容易进行控制，但过渡过程时间较长；若时间常数 T 小，则被控变量变化速度快，不易控制。时间常数太大或太小，在控制上都将存在一定困难，因此，需根据实际情况适中考虑。

滞后时间 τ 的存在，使得控制作用总是落后于被控变量的变化，造成被控变量的最大偏差增大，控制质量下降。因此，应尽量减小滞后时间 τ。

（2）对于扰动通道　　放大系数 K 大对控制不利，因为，当扰动频繁出现且幅度较大时，被控变量的波动就会很大，使得最大偏差增大；而放大系数 K 小，即使扰动较大，对被控变量仍然不会产生多大影响。

时间常数 T 大，扰动作用比较平缓，被控变量变化较平稳，对象较易控制。

纯滞后的存在，相当于将扰动推迟 τ_0 时间才进入系统，并不影响控制系统的品质；而容量滞后的存在，则将使阶跃扰动的影响趋于缓和，被控变量的变化相应也缓和些，因此，对系统是有利的。

【课题二】　　　简单控制系统

一、简单控制系统的组成

简单控制系统通常是指由一个测量元件、变送器、一个控制器、一个控制阀和一个对象所构成的单回路控制系统。如图 6-7 所示，为典型的液位和温度简单控制系统实例。

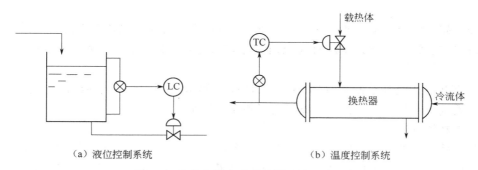

（a）液位控制系统　　　　　　　　（b）温度控制系统

图 6-7　液位和温度简单控制系统示意图

简单控制系统具有结构简单，所需要的自动化装置数量少、投运及操作维护方便等优点，一般都可以满足控制质量的要求。因此，简单控制系统在工业生产过程中得到了广泛的应用。

二、控制方案的确定

对于简单控制系统来说，控制方案的确定包括系统被控变量的选择，操纵变量的选择，执行器的选择和控制规律的确定等内容。

1. 被控变量选择的一般原则

① 为某一工艺目的或物料平衡而设置的系统，被控变量可按工艺操作的期望要求直接选定。

② 对于控制产品质量的系统，在可能的情况下，用质量指标参数作为被控变量最直接，也最有效。

③ 当不能用工艺过程的质量指标作为被控变量时，应选择与产品质量指标有单值对应关系的间接变量作为被控变量。当干扰进入系统时，该被控变量必须具有足够的灵敏度和变化数值。

④ 被控变量的选择必须考虑到工艺过程的合理性、经济性以及国内仪表生产的现状。

2. 操纵变量选择的一般原则

① 操纵变量的选择，在工艺上首先要合理，符合节能、安全、经济运行要求。

② 从系统考虑，操纵变量对被控变量的影响应比其他干扰对被控变量的影响更加灵敏。

③ 操纵变量应是可控的，即工艺上允许调节的变量。

3. 执行器的选择

在过程控制中，使用最多的是气动执行器，其次是电动执行器。而气动执行器中主要是以气动薄膜控制阀为主，选用的原则主要是考虑"安全"准则。气动调节阀分气开、气关两种形式，主要根据控制器输出信号为零（或气源中断）时，工艺生产的安全状态时需要阀开或闭来选择气开、气关阀的。若气源中断时，工艺需要控制阀关死，则应选用"气开阀"；若气源中断时，工艺需要调节阀全开，则应选用"气关阀"。

4．控制规律的选择

（1）比例控制器（P）　比例控制适用于控制通道滞后及时间常数均较小、干扰幅度较小、负荷变化不大、控制质量要求不高、允许有余差的场合。

（2）比例积分控制器（PI）　对于容量滞后较小、负荷变化不太大、工艺参数不允许有余差的场合，PI控制规律可以有效地改善控制品质。

（3）比例微分控制器（PD）　对于控制对象容量滞后较大的场合，可采用比例微分控制器。

但是，如果微分作用太强，容易产生超调，反而会引起系统剧烈的振荡，降低系统的稳定性。值得注意的是，微分作用对高频信号非常敏感，所以存在高频噪声的地方不宜使用微分。

（4）比例积分微分控制器（PID）　PID控制器适用于过程容量滞后较大、负荷变化大、控制质量要求较高的场合，如温度控制和成分控制。

三、控制符号图

控制符号图通常包括字母代号、图形符号和数字编号等。将表示某种功能的字母及数字组合成的仪表位号置于图形符号之中，就表示出了一块仪表的位号、种类及功能。

1．字母代号

常见字母代号的含义如表6-1所示。

表6-1　字母代号的含义

	第一位字母		第二位字母		
	被测变量或引发变量	修饰词	读出功能	输出功能	修饰词
A	分析		报警		
B	烧嘴、火焰		供选用	供选用	供选用
C	电导率			控制	
D	密度	差			
E	电压（电动势）		检测元件		
F	流量	比（分数）			
G	供选用		视镜、观察		
H	手动				高
I	电流		指示		
J	功率	扫描			
K	时间、时间程序	变化频率		操作器	
L	物位		灯		低
M	水分或湿度	瞬动			中、中间

续表

	第一位字母		第二位字母		
	被测变量或引发变量	修饰词	读出功能	输出功能	修饰词
N	供选用		供选用	供选用	供选用
O	供选用		节流孔		
P	压力、真空		连接点、测试点		
Q	数量	积算、累计			
R	核辐射		记录		
S	速度、频率	安全		开关联锁	
T	温度			传送	
U	多变量		多功能	多功能	多功能
V	振动、机械监视			阀、风门、百叶窗	
W	重量、力		套管		
X	未分类	X 轴	未分类	未分类	未分类
Y	事件、状态	Y 轴		继电器、计算器、转换器	
Z	位置	Z 轴		驱动器、执行机构未分类的最终执行元件	

2. 图形符号

仪表的图形符号是一个细实线圆圈。对于不同的仪表，其安装位置也有区别，图形符号如表 6-2 所示。

表 6-2 仪表安装位置图形符号

序号	安装位置	图形符号	序号	安装位置	图形符号
1	就地安装仪表	○	4	就地仪表盘安装	⊖
2	嵌在管道就地安装	—○—	5	集中仪表盘后安装	(-----)
3	集中仪表盘面安装	⊖	6	就地仪表盘后安装	(=====)

3. 仪表位号及编号

① 一般用三到四位数来表示位号，前工段后序号。（101/102）表示二位号共一表。

② 功能后继字母：I 指示、R 记录、C 控制、T 传送、Q 积算、A 报警、SA 开关或联锁。

③ 继动器和计算器的功能符号和代号与数学符号相类似均为：Y。

例如

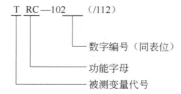

```
T RC—102    (/112)
            └── 数字编号（同表位）
         └── 功能字母
      └── 被测变量代号
```

【任务九】 系统控制流程图识图练习

通过本次活动，掌握控制流程图上各仪表代号的含义及编制方法。

1. 先通过以下素材，熟悉各仪表代号的含义

（1）压力变量

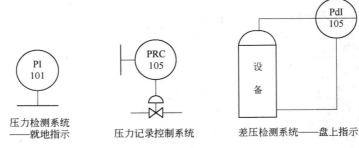

压力检测系统
——就地指示

压力记录控制系统

差压检测系统——盘上指示

（2）流量变量

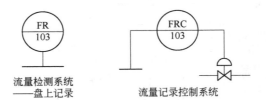

流量检测系统
——盘上记录

流量记录控制系统

（3）温度变量

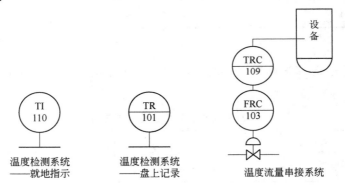

温度检测系统
——就地指示

温度检测系统
——盘上记录

温度流量串接系统

（4）液位变量

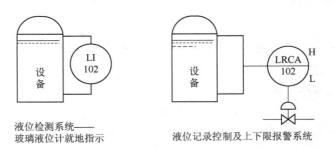

液位检测系统——
玻璃液位计就地指示

液位记录控制及上下限报警系统

（5）成分变量

成分检测系统
——盘上指示（O_2）

成分记录及上限联
锁报警系统（H_2）

成分记录控制系统（CO_2）

2. 在精馏塔控制流程图（图 6-8）中，指出各仪表代号的含义

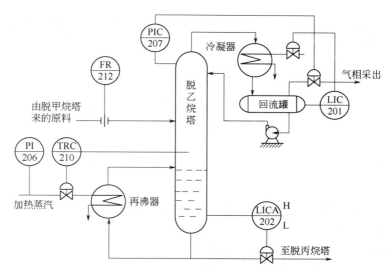

图 6-8　精馏塔控制流程图

上图中：

仪表代号 FR-212 的含义是"这是位于第_____工段的第_____块具有_____功能的_____仪表"；

仪表代号 PI-206 的含义是_____；

仪表代号 TRC-210 的含义是_____；

仪表代号 LICA（H/L）-202 的含义是_____。

【课题三】　　　　　复杂控制系统

一、常见复杂控制系统的控制方案

复杂控制系统，是指具有多个变量或两个以上测量变送器或两个以上控制器或两个以上控制阀组成的控制系统。

常用复杂控制系统有串级、比值、均匀、分程、选择、前馈等控制系统。在此，只介绍串级控制系统。

1. 串级控制系统的工作过程

两个控制器串联工作，其中一个控制器的输出作为另一个控制器的给定值，而后者的输出去控制控制阀（执行器）以改变操纵变量，这种结构称之为串级控制系统。图 6-9 为串级控制系统典型方块图。

主变量 y_1：是工艺控制指标或与工艺控制指标有直接关系，在串级控制系统中起主导作用的被控变量。

副变量 y_2：在串级控制系统中，为了更好地稳定主变量或因其他某些要求而引入的辅助变量。

主对象：由主变量表征其主要特征的生产设备。

副对象：由副变量表征其特征的生产设备。

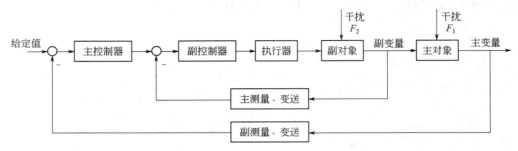

图 6-9　串级控制系统典型方块图

主控制器：按主变量的测量值与给定值的偏差进行工作的控制器，其输出作为副控制器的给定值。

副控制器：按副变量的测量值与主控制器的输出值的偏差进行工作的控制器，其输出直接改变控制阀阀门开度。

主变送器：测量并转换主变量的变送器。

副变送器：测量并转换副变量的变送器。

副回路：由副测量变送器，副控制器，执行器和副对象构成的内层闭合回路，也称副环或内环。

主回路：由主测量变送器，主控制器，副回路和主对象构成的外层闭合回路，也称主环或外环。

串级控制系统的工作过程为：

① 干扰作用在主回路；

② 干扰作用在副回路；

③ 干扰同时作用于主副回路。

串级控制系统对于作用在主回路上的干扰和作用在副对象上的干扰都能有效的克服，副回路特点是：先调、粗调、快调。主回路的特点是：后调、细调、慢调。

2. 串级控制系统的特点

① 对于进入副回路的干扰具有很强的抑制能力。由于副回路的存在，当干扰进入副回路时，副控制器能及时控制，并又有主控制器进一步控制来克服干扰。因此，总的控制效果比简单控制系统好。

② 减少控制通道的惯性，改善对象特性。

$$K'_{P2} = \frac{K_{C2}K_V K_{P2}}{1 + K_{C2}K_V K_{P2}K_{m2}}$$

$$T'_{P2} = \frac{T_{P2}}{1 + K_{C2}K_V K_{P2}K_{m2}}$$

则

$$G'_{P2}(s) = \frac{K'_{P2}}{T'_{P2}s + 1}$$

由上面推导可知，一般情况下 $(1 + K_{C2}K_V K_{P2}K_{m2}) > 1$ 都是成立的，因此可得：$T'_{P2} < T_{P2}$，$K'_{P2} < K_{P2}$。

等效对象时间常数 T'_{P2} 的减小，使过程动态特性有显著改善，调节作用加快，并且随着 K_{C2} 的增大，时间常数减小的更加明显，使控制更为及时。另外，等效对象时间常数 T'_{P2} 的减小还可使系统的工作频率得到提高。

等效对象放大系数 K'_{P2} 的减小，可以通过主控制器 K_{C1} 的增加来进行补偿，因此系统总的放大系数并未受到影响，控制质量也就不受影响。

假设简单控制系统对象是非线性的，既对象放大系数随负荷变化而变化，如不采取必要措施，控制系统的质量无法保证。如果串级控制系统副对象为非线性，由于 $(1 + K_{C2}K_VK_{P2}K_{m2}) > 1$ 则 $K'_{P2} \approx \dfrac{1}{K_{m2}}$

副变量的测量变送为线性，K'_{P2} 为常量，与副对象的放大系数无关。如果主对象为线性，则整个控制通道可近似为线性。

③ 具有一定的自适应能力。串级控制系统中，主回路是一个定值控制系统，副回路是一个随动控制系统，主控制器可以根据生产负荷和操作条件的变化，不断修改副控制器的给定值，这就是一种自适应能力的体现。如果对象存在非线性，那么在设计串级控制系统时，可将这个环节包含在副回路中，当操作条件和生产负荷变化时，仍然能得到较好的控制效果。

3. 串级控制系统的实施

（1）副变量的选择

① 将主要的干扰包含在副回路中。

② 在可能的条件下，使副回路包含更多的干扰。

③ 尽量不要把纯滞后环节包含在副回路中。

④ 主副对象的时间常数不能太接近。

（2）主副控制器控制规律的选择　主控制器一般选择比例积分（PI）或比例积分微分（PID）控制规律。副控制器一般选择比例作用（P）即可，积分作用很少使用，它会使控制时间变长，在一定程度上减弱了副回路的快速性和及时性。但在以流量为副变量的系统中，为了保持系统稳定，比例度选得稍大，比例作用有些弱，为了增强控制作用，可适度引入积分作用。副控制器的微分作用是不需要的，因为当副控制器有微分作用时，一旦主控制器输出稍有变化，就容易引起控制阀大幅度地变化，这对系统稳定是不利的。

（3）主副控制器的正、反作用选择　串级控制系统控制器正反作用的选择目的也是为了保证整个系统构成负反馈。与简单控制系统相比，串级控制系统有主副两个控制器需要选择正反作用，而它们的确定方法也是不同的。

在简单控制系统中，确定控制器正反作用之前，先要根据工艺要求，确定控制阀的开关形式。在串级系统中同样是先确定了控制阀的开关形式，再进一步判断控制器的正反作用。在串级系统中，副控制器正反作用的确定同简单控制系统一样，只要把副回路当做一个简单控制系统即可。确定主控制器正反作用的方法是可以把整个副回路等效看成一个正作用的对象 K'_{P2} 为"＋"，保证系统主回路为负反馈的条件是：$K_{C1} \cdot K'_{P2} \cdot K_{01} =$ "＋"，因 K'_{P2} 为"＋"，所以 $K_{C1} \cdot K_{01} =$ "＋"。既根据主对象的作用方向确定主控制器的正反作用，保证主回路构成负反馈。也就是说，若主对象是正作用 K_{01} 为"＋"，主控制器 K_{C1} 为"＋"则选反作用；若主对象是反作用 K_{01} 为"－"，主控制器 K_{C1} 为"－"则选正作用。

二、锅炉的过程控制

根据生产负荷的不同需求，锅炉应提供不同压力和温度的蒸汽，同时，根据经济性和安全性的要求，使燃料完全燃烧和确保锅炉的安全生产。锅炉设备的主要控制系统有三个，即

锅炉汽包液位控制；蒸汽过热系统的控制；锅炉燃烧系统的控制。

1. 锅炉汽包液位的控制

（1）单冲量液位控制系统　单冲量液位控制系统的原理图如图 6-10 所示。由图可知，它是一个典型的简单控制系统，它适用于停留时间较长，负荷变化小的小型低压锅炉（一般为 10t/h 以下）。

但对于停留时间短，负荷变化大的系统，就不能适应了。当蒸汽负荷突然大幅度增加时，由于汽包内蒸汽压力瞬间下降，水的沸腾加剧，气泡量迅速增加，形成汽包内液位升高的现象。因为这种升高的液位不代表汽包内贮液量的真实情况，所以称为"假液位"。这时液位控制系统测量值升高，控制器把去错误地关小给水控制阀，减少给水量，等到这种暂时的闪急汽化现象一旦平稳下来，由于蒸汽量增加，送入水量反而减少，将使水位严重下降，波动很厉害，严重时会使汽包水位降到危险区内，甚至发生事故。

产生"假液位"主要是蒸汽负荷量的波动，如果把蒸汽流量的信号引入控制系统，就可以克服这个主要干扰，这样就构成了双冲量控制系统。

（2）双冲量控制系统　图 6-11 是双冲量控制系统的原理图。这是一个前馈-反馈控制系统。蒸汽流量是前馈量。借助于前馈的校正作用，可避免蒸汽量波动所产生的"假液位"而引起控制阀误动作，改善了控制质量，防止事故发生。

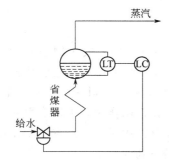　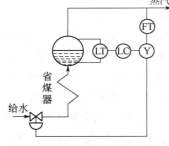　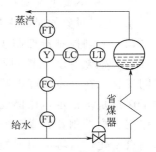

图 6-10　单冲量水位控制系统　　　图 6-11　双冲量控制系统　　　图 6-12　三冲量控制系统

双冲量控制系统的弱点是不能克服给水压力的干扰，当给水压力变化时，会引起给水流量的变化。所以一些大型锅炉则把给水流量的信号亦引入控制系统，以保持汽包液位稳定。这样，作用控制系统共有三个参数的信号，故称为三冲量控制系统。双冲量控制系统适用于给水压力变化不大，额定负荷在 30t/h 以下的锅炉。

（3）三冲量控制系统　三冲量控制系统如图 6-12 所示。它是属于前馈-串级控制系统。蒸汽流量作为前馈信号，汽包水位为主变量，给水流量为副变量。

2. 过热蒸汽系统的控制

目前广泛选用减温水的流量作为操纵变量，但是该通道的时滞和容量滞后太大。如果以蒸汽温度作为被控变量，控制减温水的流量组成简单控制系统往往不能满足生产上的要求。因此，应采用以减温器出口温度为副变量的串级控制系统，如图 6-13 所示，这对提前克服如蒸汽流量、减温水的流量和温度等干扰因素是有利的，可以减少过热蒸汽温度的动态偏

差，提高过热蒸汽温度的控制质量。

过热蒸汽温度控制有时还采用双冲量控制系统，如图 6-14 所示。这种方案实质上是串级控制系统的变形。

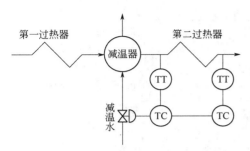

图 6-13　过热蒸汽温度串级控制系统

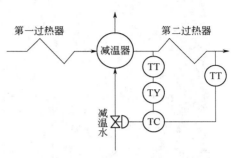

图 6-14　过热蒸汽温度双冲量控制系统

3. 锅炉燃烧系统的控制

锅炉燃烧系统的自动控制基本任务是使燃料燃烧时产生的热量，适应蒸汽负荷的需要。由于汽包本身为压力容器，它输出蒸汽的压力受到它所带的汽轮机和其他设备条件的限制，所以锅炉燃烧系统自动控制有三个主要作用：

① 维持锅炉出口蒸汽压力的稳定。当负荷受干扰影响而变化时，通过控制燃料量使之稳定。

② 保持燃料量和空气量按一定配比送入，即保持燃料燃烧良好。

③ 维持炉膛负压不变，应该使排烟量与空气量相配合。负压太小，炉膛容易向外喷火，影响环境卫生、设备和工作人员的安全；负压太大，会使大量冷空气漏进炉内，从而使热量损失增加，降低燃烧效率。一般炉膛应保持 $-2mmH_2O$ 左右的负压。

【任务十】　简单控制系统的投运和参数整定

所谓控制系统投运就是将系统从不工作切换到自动工作状态。这一过程是通过控制器的手动-自动切换开关从手动位置切换到自动位置来完成的，但切换过程必须保证无扰动，即手-自动切换过程本身不能给系统带来扰动，不破坏系统原有的平衡状态，也不改变原先执行器的开度。

所谓控制系统的整定，就是对于一个已经设计并安装就绪的控制系统，通过对控制器参数（δ、T_i、T_d）的调整，使系统的过渡过程达到最为满意的质量指标要求，即让系统能高效运行。

1. 装置准备

计算机（安装好 ATS 软件）1 台

微型液位系统仿真装置见图 6-15。

2. 自动控制器的投运

进行自动控制器的投运步骤如下。

① 熟悉操作画面上各功能操作。按动控制器 T_2 按钮，弹出控制器 T_2 面板，按操作要求设置内外给定状态及正反作用方式，手自动切换开关设定为"手动方式"启动泵 P_1，并逐渐打开手动阀 1，直至全开。

② 做练习，用硬手动拨针和软手动按钮使控制器输出信号改变至被调液位参数稳定在给定值上。

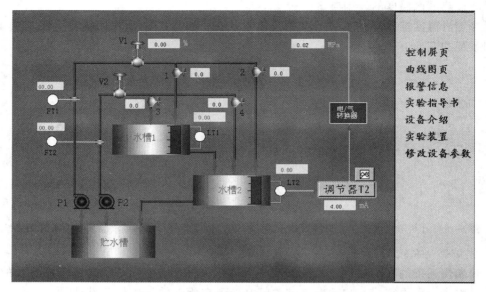

图 6-15　微型液位系统仿真装置流程图

③ 当手动遥控操作使被控变量等于给定值并稳定不变时，反复练习做控制器从手动到自动的无扰动切换。

④ 练习完了以后，将控制器 T_2 恢复到手动位置，并用鼠标拖动控制器 T_2 的输出指针，使其输出为 12mA。等待被控变量 L_2 逐渐稳定下来。

⑤ 当被控变量 L_2 稳定不变时，用鼠标点击控制器 T_2 的给定按钮，使给定值指针（黑针）与测量值指针（红针）重合，即偏差为零。这时迅速将控制器 T_2 切换到自动。完成控制器的投运。

3. 控制器参数整定

进行控制器参数整定步骤如下。

① 按动参数整定按钮，弹出操纵变量整定面板，设定其 $T_i = 3000$、$T_d = 0$。根据液位控制系统控制器的比例度大致范围是 20%～80%，将比例度 δ 预设在某一数值上。然后用 4∶1 衰减法整定控制器参数。方法是：观察在该比例度下过渡过程曲线的情况，增大或减小控制器的比例度。在每改变一个比例度值时，利用改变给定值的方法给系统施加一个干扰，看被控变量 L_2 的过渡过程曲线变化的情况，直至在某一个比例度时系统出现 4∶1 衰减振荡，那么此时的比例度则为 4∶1 衰减比例度 δ_s，而过渡过程振荡周期即为操作周期 T_s。（该时间可通过曲线页屏幕下方的时间标示按比例计算得到，并换算为"秒"再计算 T_i 和/或 T_d 值）。

② 将计算所得控制器参数值，加到控制器上，重新运行系统直至满意为止。

方法是：先将比例度设置到比计算值大一些的数值上，然后把积分时间放到求得的数值上，再慢慢放上微分时间，最后把比例度减小到计算值上。观察控制过程曲线，如果不太理想，可作适当调整，获得满意的控制效果为止。

提示：由于控制的是液位对象，较容易稳定，可只采用比例一种控制规律。

注意：若要调整 T_i 或 T_d 时，应保持 T_d/T_i 比值不变。

【考核内容与配分】

单　　元	考　核　内　容	考 核 权 重
【课题一】 过程自动控制系统的基本知识	过程自动控制系统的概念，过渡过程和品质指标，对象特性	40%
【课题二】 简单控制系统	简单控制系统的组成，控制方案的确定，控制符号图	30%
【课题三】 复杂控制系统	串级控制，锅炉的过程控制	30%

【思考题与习题】

6-1. 举例说明过程控制系统的组成，画出方框图，简述其工作过程。

6-2. 过程控制系统由哪些部分组成？说明各环节的输入、输出信号。

6-3. 什么是控制系统的过渡过程？有几种基本形式？分析过渡过程有什么意义？

6-4. 举例分析影响过程控制系统过渡过程品质的主要因素有哪些？

6-5. 什么是控制器的控制规律？控制器有哪些基本控制规律？

6-6. 试述比例控制、比例积分控制、比例微分控制和比例积分微分控制的特点及使用场合。

6-7. 简单控制系统有什么特点？画出简单控制系统典型方框图。

6-8. 怎样选择被控变量？其选择原则是什么？

6-9. 干扰作用点位置对控制质量有什么影响？

6-10. 在选择操纵变量时，控制通道的放大系数和时间常数对其有什么影响？在系统的测量变送环节中会遇到什么问题？如何解决？

6-11. 什么是控制阀的理想流量特性和工作流量特性？系统设计时应如何选择控制阀的流量特性？

6-12. 为什么要选择阀的气开、气关形式？如何选择？

6-13. 控制阀上安装阀门定位器有什么用途？

6-14. 如图 6-16 所示，为精馏塔塔釜液位控制系统示意图。若工艺上不允许塔釜液位被抽空，试确定控制阀的气开、气关形式和控制器的正反作用方式。

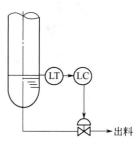

图 6-16　精馏塔塔釜液位控制系统

模块七　集散控制系统基础

【学习目标】

　　通过本模块的学习，了解集散控制系统的设计思想和系统结构，能识读带控制点的化工工艺流程图，能与工艺师沟通确认工艺控制点和控制方案，能填写 DCS I/O 表，能依据 DCS 控制的化工工艺项目的要求并结合工程技术和经济观点恰当选择 DCS，至少能掌握一家国产 DCS 系统软件组态，包括系统整体组态、控制组态和操作画面组态。能编撰 DCS 控制项目的项目任务书和项目实施计划。

　　能操作实时监控软件，能配置和调试好 DCS 的网络系统，能设置现场控制站各卡件的开关状态和端子接线方法，掌握系统组态、信号调试的方法；熟悉并了解系统故障的识别方法和现场维护的注意事项。能与团队协调合作，能较好控制项目任务的执行进程，能较好处理项目执行过程中的问题和紧急事故，能在完成任务过程中自学能力和创新能力逐步提高。

【课题一】　集散控制系统的基本知识

一、集散控制系统的基本组成和特点

　　集散型控制系统通常由过程控制单元、过程接口单元、CRT 显示操作站、管理计算机以及通信数据通道五个主要部分组成。其基本结构如图 7-1 所示。

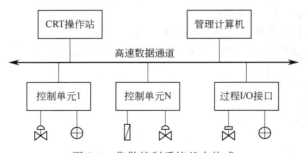

图 7-1　集散控制系统基本构成

　　（1）过程控制单元（PCU：Process control unit）　又叫现场控制站。它是 DCS 的核心部分，对生产过程进行闭环控制，可控制数个至数十个回路，还可进行顺序、逻辑和批量控制。

　　在过程控制计算机中，种类最多、数量最大的就是各种 I/O 接口模板，从广义讲，现场控制站计算机的 I/O 接口，亦应包括它与高速数据公路的网络接口以及它与现场总线（field bus）网的接口。高速数据公路连接着系统内各个操作站与现场控制站，是 DCS 的中

枢，而现场总线则把现场控制站与各种智能化调节器、变送器等在线仪表以及可编程序控制器（PLC）连接在一起，对这两部分，各 DCS 生产厂家正致力于开放式标准化的设计工作。DCS 处理 I/O 信息由过程量 I/O 通道完成，过程量 I/O 通道主要有模拟量 I/O 通道、开关量（或称为数字量）I/O 通道及脉冲量输入通道几种。

（2）过程接口单元（PIU：Process Interface unit）　又叫数据采集站。它是为生产过程中的控制变量设置的采集装置，不但可完成数据采集和预期处理，还可以对实时数据作进一步加工处理，供 CRT 操作站显示和打印，实现集中监视。

（3）操作站（OPS：Operating Station）是集散系统的人-机接口装置。除监视操作、打印报表外，系统的组态、编程也在操作站上进行。操作站有操作员键盘和工程师键盘。操作员键盘供操作人员用，可调出有关画面，进行有关操作，如：修改某个回路的给定值；改变某个回路的运行状态；对某回路进行手工操作、确认报警和打印报表等。工程师键盘主要供技术人员组态用，所有的监控点、控制回路、各种画面、报警清单和工艺报警表等均由技术人员通过工程师键盘进行输入。操作站一般配有温氏硬盘存储器的软盘存储器；少数系统除硬盘外，还配有磁带存储器（如 RS3）。硬盘主要存储操作站的组态软件、系统组态软件、趋势记录，过程数据和报表等。此外，DCS 本身的系统软件也存储在硬件中。当系统突然断电时，硬盘存储的信息不会丢失，再次上电时可保证系统正常装载运行。软盘和磁带存储器作为中间存储器使用。当信息存储到软盘或磁带后，可以离机保存，以作备用。

（4）数据高速通道（DH：Data Hiway）又叫高速通信总线、大道和公路等，是一种具有高速通信能力的信息总线，一般由双绞线、同轴电缆或光导纤维构成。它将过程控制单元、操作站和上位机等连成一个完整的系统，以一定的速率在各单元之间传输信息。

（5）管理计算机（MC：Manager computer）　管理计算机是集散系统的主机，习惯上称它为上位机。它综合监视全系统的各单元，管理全系统的所有信息，具有进行大型复杂运算的能力以及多输入、多输出控制功能，以实现系统的最优控制和全厂的优化管理。

二、集散控制系统的结构与功能

现场控制站、CRT 操作站（操作员站、工程师站）是集散控制系统的基本组成部分，起到"集中监视和集中管理、分散控制"的作用。

1. 现场控制站

（1）现场控制站的功能　现场控制站通过现场仪表直接与生产过程相连接，采集过程变量信息，并进行转换和运算等处理，产生控制信号以驱动现场的执行机构，实现对生产过程的控制。

① 将各种现场发生的过程变量进行数字化，并将这些数字化后的量存放在存储器中，形成一个与现场过程变量一致的、并按实际运行情况实时地改变和更新现场过程变量的实施映像。

② 将本站采集到的实时数据通过网络送到操作员站、工程师站及其他现场 I/O 控制站，以便实现全系统范围内的监督和控制，现场 I/O 控制站还可接收由操作员站、工程师站下发的信息，以实现对现场的人工控制或对本站的参数设定。

③ 在本站实现局部自动控制、回路的计算机闭环控制、顺序控制等，这些算法一般是一些经典算法，也可以使非标准算法、复杂算法等。

（2）现场控制站的结构　现场控制站与操作站仅需通过一条通信电缆（或光缆）相连接，而输入、输出信号线却可能有数百条之多，为减少信号电缆长度，以减少长距离传输的干扰，提高可靠性，并降低系统造价，现场控制站一般均放置在靠近过程装置的地方，为适应工业生产环境，各厂家对其产品均进行了加强处理，使其具有防尘、防潮、防电磁干扰、抗冲击、抗振动及耐高低温等恶劣环境的能力。但系统安装时，有的用户还像他们操作以前的模拟仪表那样，把现场控制站安装在传统的控制室中。图 7-2 为现场控制单元机柜，图 7-3 为机柜内卡件组装示意图。

图 7-2   现场控制单元机柜

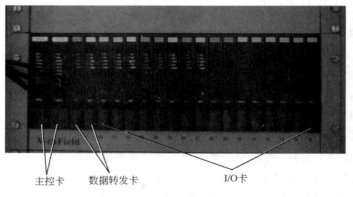

主控卡   数据转发卡   I/O卡

图 7-3   机柜内卡件组装示意图

2. CRT 操作站（操作员站、工程师站）

DCS 的操作员站和工程师站提供了集中显示、对现场直接操作、系统组态、生成以及诊断等功能。它通过数据网络与其他各站连在一起。

如图 7-4 所示，通常操作员站由一个大屏幕显示器（CRT）、一台控制计算机以及一个操作员键盘组成。一个 DCS 中通常可以配置几个操作员站，而且一般这些操作员站是相互冗余的。例如，浙大中控 JX－300XP 可以最多配置 8～10 个相互独立、相互备份的操作员站。此外，中央计算机站还有一个网关（Gateway），并通过它与一个功能更强的计算机系统相连，以便实现高级的控制和管理功能。有些系统还配备一个专用的工程师站（Engineer Station），用来生成目标系统的参数等。当然，为了节省投资，很多系统的工程师站可以用一个操作员站来代替。中央计算机站应该完成以下基本功能：

① 过程显示和控制；

② 现场数据的收集和恢复显示；

③ 级间通信；

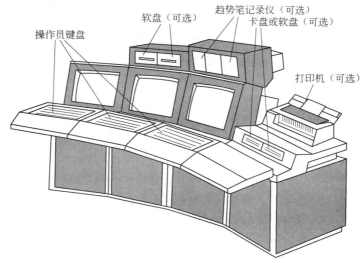

图 7-4 用户操作站

④ 系统诊断；

⑤ 系统配置和参数生成；

⑥ 仿真调试等。

为了实现这些功能，它必须配备以下工具软件。

① 操作系统：通常是一个驻留内存的实时多任务操作系统。它支持优先级中断式和/或时间片进程调度，以及硬件资源的管理，如外设、实时时钟、电源故障等。

② 系统工具软件，如编辑器、调试程序、连接器、装载程序等。

③ 高级语言（实时的），如 FORTRAN、BASIC、C 语言等。

④ 通信软件：用来实现与各现场控制站的通信。

⑤ 应用软件。

三、集散控制系统的通信网络

由于集散控制系统中的通信网络担负着传递过程变量、控制命令、组态信息以及报警信息等任务，所以网络的结构形式、层次以及组成网络后所表现的灵活性、开放性、传输方式等方面的性能十分重要。

JX-300XP 系统为适应各种过程控制规模和现场要求，其通信系统对于不同结构层次分别采用了信息管理网、SCnet II 网络和 SBUS 总线。

1. 信息管理网

信息管理网采用以太网用于工厂级的信息传送和管理，是实现全厂综合管理的信息通道。该网络通过在多功能 MFS 上安装双重网络接口（信息管理和过程控制网络）转接的方法，获取集散控制系统中过程参数和系统运行信息，同时向下传送上层管理计算机的调度指令和生产指导信息。管理网采用大型网络数据库实现信息共享，并可将各种装置的控制系统连入企业信息管理网，实现工厂级的综合管理、调度、统计和决策等。信息管理网的基本特性：

① 拓扑规范：总线形（无根树）结构或星形结构；

② 传输方式：曼彻斯特编码方式；通信控制：符合 IEEE802.3 标准协议和 TCP/IP 标准协议；通信速率：10Mbps、100Mbps、1Gbps 等；网上站数；最大 1024 个；通信介质：双绞线（星形连接）、50Ω 细同轴电缆、50Ω 粗同轴电缆（总线形连接，带终端匹配器）、光纤等通信距离：最大 10km。浙大中控的 PIMS（Process Information Management Systems）软件是自动控制系统监控层一级的软件平台和开发环境，能以灵活多样的组态方式为用户提供良好的开发环境和简捷的使用方法，其预设的各种软件模块可以方便地实现和完成监控层的需要，并能支持各种硬件厂商的计算机和 I/O 设备，是理想的信息管理网开发平台。

2. 过程控制网络 SCnet Ⅱ

（1）SCnet Ⅱ 概述　　JX-300XP 系统采用了双高速冗余工业以太网 SCnet Ⅱ 作为其过程控制网络。它直接连接了系统的控制站、操作站、工程师站、通信接口单元等，是传送过程控制实时信息的通道，具有很高的实时性和可靠性。通过挂接网桥，SCnet Ⅱ 可以与上层的信息管理网或其他厂家设备连接。过程控制网络 SCnet Ⅱ 是在 10base Ethernet 基础上开发的网络系统，各节点的通信接口均采用了专用的以太网控制器，数据传输遵循 TCP/IP 和 UDP/IP 协议。根据过程控制系统的要求和以太网的负载特性，网络规模受到一定的限制，基本性能指标如下：

拓扑规范：总线形结构或星形结构；

传输方式：曼彻斯特编码方式；

通信控制：符合 TCP/IP 和 IEEE802.3 标准协议；

通信速率：10Mbps、100Mbps 等；

节点容量：最多 15 个控制站，32 个操作站、工程师站或多功能站；

通信介质：双绞线、RG－58 细同轴电缆、RG－11 粗同轴电缆、光缆；

通信距离：最大 10km。

JX-300XP SCnet Ⅱ 网络采用双重化冗余结构，如图 7-5 所示。在其中任一条通信线发生故障的情况下，通信网络仍保持正常的数据传输。SCnet Ⅱ 的通信介质、网络控制器、驱动接口等均可冗余配置，在冗余配置的情况下，发送站点（源）对传输数据包（报文）进行时间标识，接收站点（目标）进行出错检验和信息通道故障判断、拥挤情况判断等处理；若校验结果正确，按时间顺序等方法择优获取冗余的两个数据包中的一个，而滤去重复和错误的数据包。当某一条信

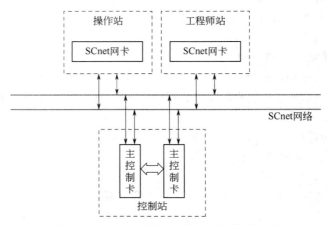

图 7-5　SCnet Ⅱ 网络双重化冗余结构示意图

息通道出现故障，另一条信息通道将负责整个系统通信任务，使通信仍然畅通。对于数据传输，除专用控制器所具有的循环冗余校验、命令/响应超时检查、载波丢失检查、冲突检测及自动重发等功能外，应用层软件还提供路由控制、流量控制、差错控制、自动重发（对于物理层无检测的数据丢失）、报文传输时间顺序检查等功能，保证了网络的响应特性，使响应时间小于1s。

在保证高速可靠传输过程数据的基础上，SCnet-Ⅱ还具有完善的在线实时诊断、查错、纠错等手段。系统配有SCnet-Ⅱ网络诊断软件，内容覆盖了每一个站点（操作站、数据服务器、工程师站、控制站、数据采集站等）、每个冗余端口（0♯和1♯）、每个部件（HUB、网络控制器、传输介质等），网络各组成部分的故障状态实时显示在操作站上以提醒用户及时维护。

（2）典型的网络结构　可选用双绞线作为引出电缆，对应的网卡具有RJ45接口，具体网络结构如图7-6。

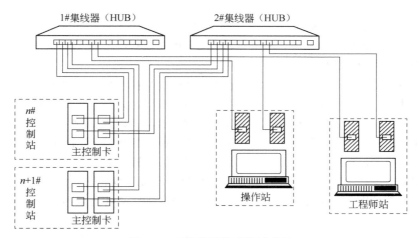

图7-6　双绞线网络连接示意图

铺设要求如下。

① 选用AMP5类或超5类无屏蔽双绞线（UTP）或带屏蔽双绞线（STP）。

② 暴露在地面的双绞线必须使用保护套管；电气干扰较严重的场所，双绞线必须使用金属保出护套管且可靠接地。

3. SBUS总线

SBUS总线分为以下两层。

第一层为双重化总线SBUS-S2。SBUS-S2总线是系统的现场总线，物理上位于控制站所管辖的I/O机笼之间，连接了主控制卡和数据转发卡，用于主控制卡与数据转发卡间的信息交换。

第二层为SBUS-S1网络。物理上位于各I/O机笼内，连接了数据转发卡和各块I/O卡件，用于数据转发卡与各块I/O卡件间的信息交换。

SBUS-S1和SBUS-S2合起来称为JX-300XP DCS的SBUS总线，主控制卡通过它们来管理分散于各个机笼内的I/O卡件。SBUS-S2级和SBUS-S1级之间为数据存储转发关系，按SBUS总线的S2级和S1级进行分层寻址。

（1）SBUS-S2总线性能指标

用途：主控制卡与数据转发卡之间进行信息交换的通道。

电气标准：EIA的RS-485标准。

通信介质：特性阻抗为120Ω的八芯屏蔽双绞线。

拓扑规范：总线形结构，节点可组态。

传输方式：二进制码。

通信协议：采用主控制卡指挥式令牌的存储转发通信协议。

通信速率：1Mbps（MAX）。

节点数目：最多可带载16块（8对）数据转发卡。

通信距离：最远1.2km（使用中继情况下）。

冗余度：1:1热冗余。

（2）SBUS-S1总线性能指标

通信控制：采用数据转发卡指挥式的存储转发通信协议。

传输速率：156kbps。

电气标准：TTL标准。

通信介质：印刷电路板连线。

网上节点数目：最多可带载16块智能I/O卡件。

SBUS-S1属于系统内局部总线，采用非冗余的循环寻址方式。

四、集散控制系统的软件体系

集散控制系统的软件体系包括：计算机系统软件、过程控制软件（应用软件）、通信管理软件、组态生成软件、诊断软件。其中系统软件与应用对象无关，是一组支持开发、生成、测试、运行和程序维护的工具软件。过程控制软件包括：过程数据的输入/输出、实时数据库、连续控制调节、顺序控制、历史数据存储、过程画面显示和管理、报警信息的管理、生产记录报表的管理和打印、人－机接口控制等。其中前四种功能是在现场控制站完成。

集散控制系统组态功能的应用方便程度、用户界面友好程度、功能的齐全程度是影响一个集散控制系统是否受用户欢迎的重要因素。集散控制系统的组态功能包括硬件组态（又称配置）和软件组态。

硬件组态包括的内容是：工程师站、操作员站的选择和配置，现场控制站的个数、分布、现场控制站中各种模块的确定、电源的选择等。

【课题二】 常见集散控制系统

一、中控 JX-300XP 系统

（一）JX-300XP 系统结构

从 JX-300、JX-300B、JX-300X 到 JX-300XP，经过长达十年的不断改进与优化，WebField JX-300XP 是浙大中控在基于 JX-300X 成熟的技术与性能的基础上，推出的基于 web 技术的网络化控制系统。在继承 JX-300X 系统全集成与灵活配置特点的同时，JX-300XP 系统吸收了最新的网络技术、微电子技术成果，充分应用了最新信号处理技术、高速网络通信技术、可靠的软件平台和软件设计技术以及现场总线技术，采用了高性能的微处理器和成熟的先进控制算法，全面提高了系统性能，能适应更广泛更复杂的应用要求。同时，作为一套全数字化、结构灵活、功能完善的开放式集散控制系统，JX-300XP 具备卓越的开放型，能轻松实现与多种现场总线标准和各种异构系统的综合集成。

JX-300XP 系统由工程师站、操作员站、控制站、过程控制网络等组成。参见如图 7-7 JX-300XP 系统结构。

① 工程师站是为专业工程技术人员设计的，内装有相应的组态平台和系统维护工具。

② 操作员站是由工业 PC 机、显示器（CRT 或 LCD）、键盘、鼠标、打印机等组成，

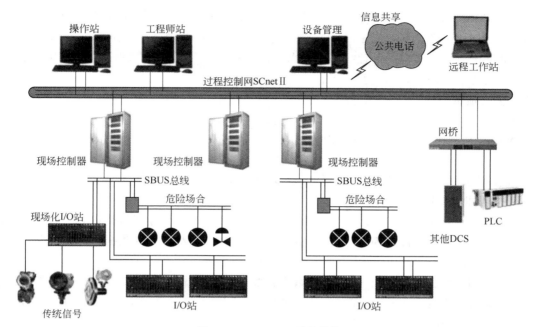

图 7-7 JX-300XP 系统结构

是操作人员完成过程监控管理任务的环境。

③ 控制站是系统中的 I/O 处理单元，完成整个工业过程的现场数据采集及控制。

④ 过程控制网络实现工程师站、操作员站、控制站的连接，完成信息、控制命令等传输，双重化冗余设计，使得信息传输安全、高速。

（二）JX-300XP 系统特点

JX-300XP 覆盖了大型集散控制系统的安全性、冗余功能、网络扩展功能、集成的用户界面及信息存取功能，除了具有模拟量信号输入输出、数字量信号输入输出、回路控制等常规 DCS 的功能，还具有高速数字量处理、高速顺序事件记录（SOE）、可编程逻辑控制等特殊功能；它不仅提供功能块图、梯形图等直观的图形组态工具，还提供开发复杂高级控制算（如模糊控制）的类 C 语言编程环境 SCX。系统规模变化灵活，可以实现从一个单元的过程控制，到全厂范围的自动化集成。高速、可靠、开放的通信网络 SCnet Ⅱ。一个 SCnet Ⅱ 网络理论最多可带 1024 个节点，最远可达 10000m。目前已实现的网络可带载 15 个控制站和 32 个其他站。系统的主要特点如下。

1. 高速、可靠、开放的通信网络 SCnet Ⅱ

JX-300XP 系统控制网络 SCnet Ⅱ 连接工程师站、操作站、控制站和通信处理单元。通信网络采用总线形或星形拓扑结构，曼彻斯特编码方式，遵循开放的 TCP/IP 协议和 IEEE802.3 标准，SCnet Ⅱ 采用 1∶1 冗余的工业以太网，TCP/IP 的传输协议辅以实时的网络故障诊断，其特点是可靠性高、纠错能力强、通信效率高。通信速率为 10Mbps。SCnet Ⅱ 真正实现了控制系统的开放性和互连性。通过配置交换器（SWITCH），操作站之间的网络速度能提升至 10Mbps，而且可以接多个 SCnet Ⅱ 子网，形成一种组合结构。

2. 分散、独立、功能强大的控制站

控制站通过主控制卡、数据转发卡和相应的 I/O 卡件实现现场过程信号的采集、处理、控制等功能。根据现场要求的不同，系统配置规模可以从几个回路、几十个信息量到 1024

个控制回路、6144 个信息量。在一个控制站内，通过 SBUS 总线可以挂接 6 个 IO 或远程 IO 单元。一个 IO 单元可以带 16 块 I/O 卡件。I/O 卡件可对现场信号进行预处理。主控制卡可以冗余配置，保证实时过程控制的可靠性，尤其是主控制卡的高度模件化结构，可以用简单的配置方法实现复杂的过程控制。

3. 多功能的协议转换接口

JX-300XP 系统中还增加了与多种现场总线仪表、PLC 以及智能仪表通信互连的功能，已实现了 MODBUS、Host Link 等多种协议的网际互联，可方便地完成对它们的隔离配电、通信、修改组态等，如 Rosemount 公司、ABB 公司、上海自动化仪表公司、西安仪表厂、川仪集团等著名厂家的产品以及浙大中控开发的各种智能仪表和变送器，实现了系统的开放性和互操作性。

4. 全智能化设计

控制站的所有卡件都按智能化要求设计，即均采用专用的微处理器负责卡件的控制、检测、运算、处理以及故障诊断等工作，在系统内部实现了全数字化的数据传输和数据处理。

5. 任意冗余配置

JX-300XP 控制站的电源、主控卡、数据转发卡和模拟量卡均可按不冗余或冗余的要求配置（开关量卡不能冗余）。从而在保证系统可靠性和灵活性的基础上，降低了用户的费用。

6. 简单、易用的组态手段和工具

JX-300XP 的组态工作是通过组态软件 SCKey 来完成的。该软件用户界面友好、功能强大、操作方便，充分支持各种控制方案。SCKey 组态软件是基于中文 Windows 2000/NT 操作系统开发的，全面支持系统各种控制方案的组态。软件体系运用了面向对象的程序设计（OOP）技术和对象链接与嵌入（OLE）技术，可以帮助工程师们系统有序地完成信号类型、控制方案、操作手段等的设置。同时，系统还增加和扩充了上位机的使用和管理软件 Advantrol-P/MS，开发了 SCX 控制语言（类 C 语言）、梯形图、顺序控制语言功能块图、结构化语言等算法组态工具，完善了诸如流程图设计操作、实时数据库开放接口、报表、打印管理等附属软件。

7. 丰富、实用、友好的实时监控界面

实时监控软件 AdvanTrol/AdvanTrol-Pro。是基于中文 Windows2000/NT 开发的应用软件，支持实时数据库和网络数据库，用户界面友好，具有分组显示、趋势图、动态流程、报警管理、报表及记录、存档等监控功能。操作站可以是一机配多台 CRT，并配有薄膜键盘、触摸屏、跟踪球等输入方式。操作员通过丰富的多种彩色动态界面，可以实现对生产过程的监视和操作。

8. 事件记录功能

JX-300XP 提供了功能强大的过程顺序事件记录、操作人员的操作记录、报警记录等多种事件记录功能，并配以相应的事件存取、分析、打印、追忆等软件。JX-300X 系统配有最小事件分辨时间间隔（1ms）的事件序列记录（SOE）卡件，可以通过多卡时间同步的方法同时对 256 点信号进行快速顺序记录。

9. 与异构化系统的集成

网关卡 XP244 是通信接口单元的核心，它解决了 JX-300XP 系统与其他厂家智能设备的互联问题。其作用是将用户智能系统的数据通过 ScnetⅡ网络实现数据在 JX-300XP 系统中的共享。已经实现了符合 Modbus-RTU、Hostlink-ASCⅡ通信协议和一些通信协议开放的智能设备的互联。

（三）JX-300XP 组态软件

JX-300XP 系统软件基于中文 Windows2000/NT 开发，用户界面友好，所有的命令都化为形象直观的功能图标，只需用鼠标即可轻而易举地完成操作，使用更方便简捷；再加上XP032 操作员键盘的配合，控制系统设计实现和生产过程实时监控快捷方便。JX-300XP 的组态工作通过组态软件 SCKey 来完成，该软件用户界面友好，操作方便，充分支持各种控制方案。SCKey 组态软件将帮助工程师有序地完成"系统组态"这一复杂的工作。

JX-300XP 系统组态软件包包括基本组态软件 SCKey、流程图制作软件 SCDraw、表制作软件 SCForm、用于控制站编程的编程语言 SCLang、图形化组态软件 SCContorl 等。图7-8 表示 JX-300XP 系统组态软件，各功能软件之间通过对象链接与嵌入技术，动态地实现模块间各种数据、信息的通信。

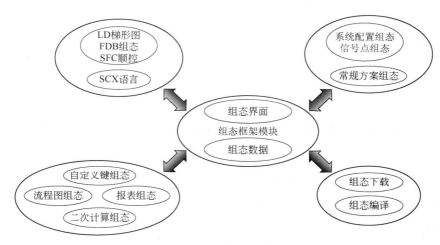

图 7-8　JX-300XP 系统组态软件

1. SCKey 组态软件特点

SUPCON DCS 系统的 SCKey 组态软件是一个全面支持该系统各类控制方案的组态软件平台。该软件是运用面向对象（OOP）技术和对象链接与嵌入（OLE2）技术，基于中文 Windows 系列操作系统开发的 32 位应用软件。SCKey 组态软件通过简明的下拉菜单和弹出式对话框建立友好的人机对话界面，并大量采用 Windows 的标准控件，使操作保持了一致性，易学易用。该软件采用分类的树状结构管理组态信息，使用户能清晰把握系统的组态状况。另外，SCKey 组态软件还提供了强大的在线帮助功能，当用户在组态过程中遇到了问题，只需按 F1 键或选菜单中的帮助项，就可以随时得到帮助提示。基本组态软件 SCKey 用户界面友好，只需填表就可完成大部分的组态工作。软件提供专用控制站编程语言 SCX（类 C 语言）、功能强大的专用控制模块、超大编程空间，可方便实现各种理想的控制策略。图形化控制组态软件 SCcontrol 集成了 LD 编辑器、FBD 编辑器、SFC 编辑器、数据类型编辑器、变量编辑器、DFB 编辑器。灵活的自动切换不同编辑器的特殊菜单和工具条。SCcontrol 在图形方式下组态十分容易。在各编辑器中，目标（功能块、线圈、触点、步、转换等）之间的连接在连接过程中进行语法检查，不同数据类型间的链路在编辑时就被禁止。SCcontrol 提供注释、目标对齐等功能改进图形程序的外观。SCcontrol 采用工程化的文档管理方法，通过导入导出功能，用户可以在工程间重用代码和数据。

2. SCKey 组态软件的主画面及菜单介绍

软件启动后，首先出现的是组态环境的主画面，如图 7-9，主画面由标题栏、工具栏、菜单条、操作显示区、状态栏五部分组成。

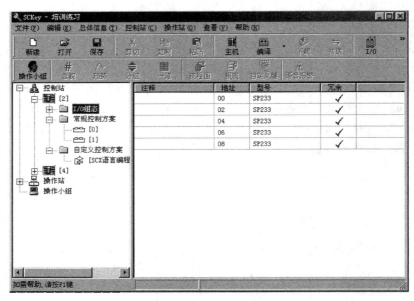

图 7-9　SCKey 组态软件的主画面

标题栏——显示当前进行组态操作的组态文件。

菜单栏——包括文件、编辑、总体信息、控制站、操作站、查看、帮助等七栏菜单，各栏菜单又包括若干菜单项。

工具栏——将主菜单中一些常用菜单项以形象的图标形式排列，以便于用户操作。

二、HOLLiAS-MACSV 系统

（一）MACAV 系统结构

MACAV 系统是和利时公司在原有 MACS 和 Smartpro 系统的基础上开发的综合控制系统。是 DCS 与 FCS 相结合的控制系统，具有 OPC 和 ODBC 接口，容易与 ERP、CRM、SCM 等系统连接，实现企业信息化。采用 Profibus-DP 现场总线，能够方便地将第三方 Profibus-DP 设备（如 PLC、智能仪表等）集成到系统中。吸取了 MACSⅡ系统和 Smartpro 系统两者的优势，继承了 MACSⅡ系统强大的数据处理、日志和管理功能、完善而丰富的离线组态功能和 Smartpro 系统控制器软件的高执行效率。

系统结构如图 7-10 所示。系统各部分的主要功能如下。

1. 工程师站

工程师站运行相应的组态管理程序，对整个系统进行集中控制和管理。工程师站主要有以下功能：

组态（包括系统硬件设备、数据库、控制算法、图形、报表）和相关系统参数的设置。

现场控制站的下装和在线调试，服务器、操作员站的下装。

在工程师站上运行操作员站实时监控程序后，可以把工程师站作为操作员站使用。

2. 操作员站

操作员站运行相应的实时监控程序，对整个系统进行监视和控制。操作员站主要完成以下功能：

各种监视信息的显示、查询和打印，主要有工艺流程图显示、趋势显示、参数列表显

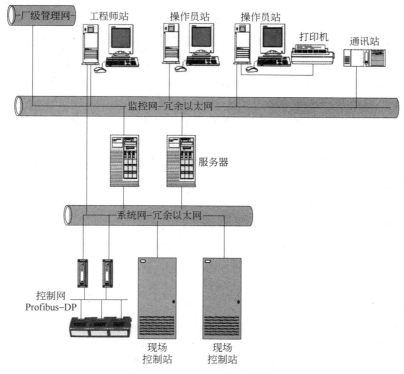

图 7-10 MACAV 系统结构图

示、报警监视、日志查询、系统设备监视等。

通过键盘、鼠标或触摸屏等人机设备，通过命令和参数的修改，实现对系统的人工干预，如在线参数修改、控制调节等。

3. 服务器

服务器运行相应的管理程序，对整个系统的实时数据和历史数据进行管理。

4. 现场控制站

现场控制站运行相应的实时控制程序，对现场进行控制和管理。现场控制站主要运行工程师站所下装的控制程序，进行工程单位变换、数据采集和控制输出、控制运算等。

（二）MACAV 系统特点

① 开放化：DCS 已经不是一个封闭的系统。MACS 系列可以方便地通过组态直接无缝集成第三方系统和设备，无需更改系统程序。

提供 OPC/DDE/ODBC 等软件标准接口，可与第三方的应用程序之间直接进行数据交换。

支持 PROFIBUS/HART/MODBUS 等国际上常用现场总线，可以方便添加第三方设备，如智能仪表、PLC 和变频器。

② 信息化：DCS 已经超越一个传统控制系统的定位。MACS 系列有机集成了工厂与过程管理来大幅度提升企业的生产效率。

可无缝集成制造执行系统（MES），实现控制信息与生产管理信息的有机集成。

可无缝集成设备管理功能（AMS），实现工厂设备的全电子化信息管理和维护。

可连接常见企业管理系统（ERP），让现场控制层成为企业管理可透明覆盖的范围。

可支持基于 Internet 的远程访问和浏览，即使身处异地，过程信息也可时时掌握。

③ 智能化：DCS 各子部件都已智能化。MACS 系列的各部件之间通过全数字信息进行协调控制。

每个 I/O 都配备 CPU 芯片，实现 I/O 通道级故障诊断。各个部件都可以实现自诊断，自动报警。

④ 小型化：DCS 的小型化是大势所趋。MACS 系列采用低功耗设计，大大推进了系统的小型化。主控制器典型功耗为 6W 左右，无需任何风扇散热，体积减小到三代进口 DCS 主控的十几分之一。I/O 模块典型自身功耗为 2W 左右，体积大幅度缩小，可靠性进一步提高。

⑤ 高可靠：DCS 的设计理念向安全系统靠拢。MACS 系列广泛采用了在安全保护系统中才使用的技术和器件。

采用确定性实时的工业以太网协议，无论通讯负荷如何变化，无任何数据碰撞，确保系统网络的可靠性。

采用信息冗余技术，实现数据纠错。

采用数据加密技术，确保阻断非法数据访问。

采用故障-安全（Fail-safe）设计技术，确保通道故障时停留在安全态。

采用国际安全编码标准进行软件开发。

软件测试代码覆盖率达到 100%。

大幅度提高系统的自诊断覆盖率。

（三）MACSV 系统组态

MACSV 系统给用户提供的是一个通用的系统组态和运行控制平台，应用系统需要通过工程师站软件组态产生，即把通用系统提供的模块化的功能单元按一定的逻辑组合起来，形成一个能完成特定要求的应用系统。系统组态后将产生应用系统的数据库、控制运算程序、历史数据库、监控流程图以及各类生产管理报表。MACSV 系统组态流程见图 7-11。

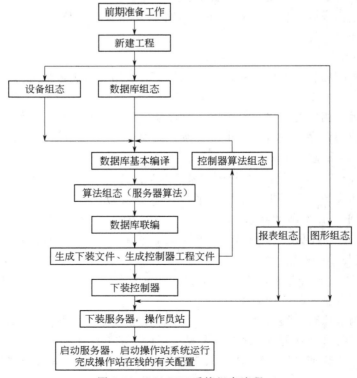

图 7-11　MACSV 系统组态流程

实际上，应用系统组态，各子系统在编辑时是可以并行进行的，无明确的先后顺序。下面分别对每个主要步骤的内容及相关概念作进一步说明。

① 前期准备工作：前期准备工作是指在进入系统组态前，应首先确定测点清单、控制运算方案、系统硬件配置包括系统的规模、各站 IO 单元的配置及测点的分配等，还要提出对流程图、报表、历史库、追忆库等的设计要求。

② 新建工程（数据库总控）：在正式进行应用工程的组态之前，必须针对该应用工程建立一个工程名，新建工程后便新建起了该工程的数据目录。

③ 配置（设备组态）：在新建的工程中定义应用工程的硬件配置。

④ 数据库定义（数据库总控）：定义和编辑工程中应用到的各站的点信息，这是形成整个应用系统的基础。

数据库基本编译（数据库总控）：在设备组态编译成功的基础上，数据库编辑完成后可以进行数据库的基本编译。

⑤ 服务器控制算法组态（服务器算法组态）：是用来编制服务器算法程序的。

⑥ 控制器算法工程生成（数据库总控）：在服务器控制算法工程编译和数据库基本编译成功之后可以进行数据库联编，生成控制器算法工程。

⑦ 控制器控制算法组态（控制器算法组态）：是用来编制控制器算法程序及下装控制器的。

⑧ 制作报表（报表组态）：用来制作反映现场工艺数据的报表。

⑨ 绘制图形（图形组态）：用来绘制工艺流程图的。

⑩ 生成下装工程文件（数据库总控）：生成下装文件。

⑪ 登录控制器，将工程下装到主控单元（控制器算法组态）。

⑫ 下装服务器、操作员站（工程师在线下装）。

⑬ 运行程序并在线调试。

【任务十一】 中控 JX-300XP 系统的认识及操作

1. 系统简介

CS2000 实训装置是集智能仪表技术、故障排除、自动控制技术为一体的普及型多功能化工仪表维修工竞技的模拟实训装置。该实训装置采用控制对象与控制台独立设计，控制系统采用了常规的智能仪表控制。现要求控制系统采用 DCS 控制，替代原先的智能仪表控制。

CS2000 三位槽过程控制项目对象系统包含有：不锈钢储水箱、强制对流换热管系统、串接圆筒有机玻璃上水箱、中水箱、下水箱、单相 2.5kW 电加热锅炉（由不锈钢锅炉内胆加温筒和封闭式外循环不锈钢冷却锅炉夹套组成）。系统中的检测变送和执行元件有：压力变送器、温度传感器、温度变送器、孔板流量计、涡轮流量计、压力表、电动调节阀等。

CS2000 型系统主要特点：

① 被调参数囊括了流量、压力、液位、温度四大热工参数。

② 执行器中既有电动调节阀（或气动调节阀）、单相 SCR 移相调压等仪表类执行机构，又有变频器等电力拖动类执行器。

③ 调节系统除了有调节器的设定值阶跃扰动外，还有在对象中通过另一动力支路或手操作阀制造各种扰动。

④ 锅炉温控系统包含了一个防干烧装置，以防操作不当引起严重后果。

⑤ 系统中的两个独立的控制回路可以通过不同的执行器、工艺线路组成不同的控制方案。

⑥ 一个被调参数可在不同动力源、不同的执行器、不同的工艺线路下可演变成多种调节回路，以利于讨论、比较各种调节方案的优劣。

⑦ 各种控制算法和调节规律在开放的组态项目软件平台上都可以实现。CS2000 三位槽控制对象工艺流程图如图 7-12 所示。

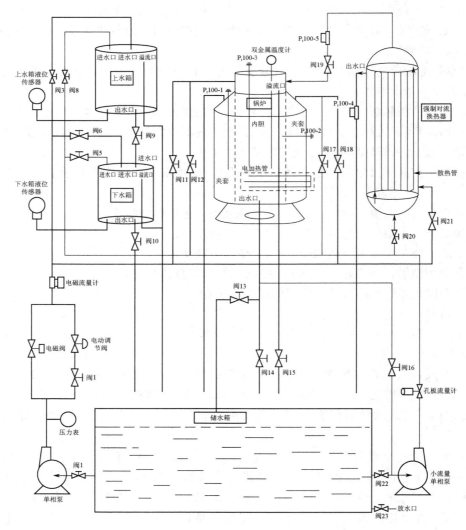

图 7-12　CS2000 三位槽控制对象工艺流程图

2. 组态要求

（1）DCS 系统配置

① 控制系统由一个控制站、一个工程师站、两个操作站组成。

② 控制站 IP 地址为 02，且冗余配置。

③ 工程师站 IP 地址为 130、操作站 IP 地址为 131、132。

（2）用户管理　根据操作需要，建立用户如下：

权限	用户名	用户密码	相应权限
特权	系统维护	1111	PID 参数设置、报表打印、报表在线修改、报警查询、报警声音修改、报警使能、查看操作记录、查看故障诊断信息、查找位号、调节器正反作用设置、屏幕拷贝打印、手工置值、退出系统、系统热键屏蔽设置、修改趋势画面、重载组态、主操作站设置
工程师	工程师	1111	PID 参数设置、报表打印、报表在线修改、报警查询、报警声音修改、报警使能、查看操作记录、查看故障诊断信息、查找位号、调节器正反作用设置、屏幕拷贝打印、手工置值、退出系统、系统热键屏蔽设置、修改趋势画面、重新组态、主操作站设置
操作员	操作员	1111	重载组态、报表打印、查看故障诊断信息、屏幕拷贝打印、查看操作记录、修改趋势画面、报警查询

（3）操作小组配置

操作小组名称	切换等级
教师组	工程师
学生组	操作员

（4）监控操作要求

① 教师组进行监控时

● 可浏览总貌画面：

页　码	页　标　题	内　容
1	索引画面	索引：教师组流程图、分组画面、一览画面的所有画面
2	模拟信号	所有模拟输入信号

● 可浏览分组画面：

页　码	页　标　题	内　容
1	常规回路	LIC-101 、TIC-101
2	液位参数	LI101、LI102、LI103
3	温度参数	TI101、TI102、TI103、TI104、TI105、TI106

● 可浏览趋势画面：

页　码	页　标　题	内　容
1	流　量	FI101 、FI102
2	液　位	LI101、LI102、LI103
3	温　度	TI101、TI102、TI103、TI104、TI105、TI106

● 可浏览一览画面：

页　码	页　标　题	内　容
1	数据一览	所有参数

● 可浏览流程图画面：

页　码	页　标　题	内　　容
1	CS2000 流程图	绘制如图 7-12 所示的流程图

● 报表记录：

要求：每 10 分钟记录一次数据，记录数据为 LI101、LI102、TI101；整点输出报表。效果样式如下所示：

CS2000 报表												
班　　　组 组长　　　记录员　　　　　年　　月												
时　　间												
内容	描述	数据										
LI101	上水箱液位											
LI102	中水箱液位											
TI101	锅炉内胆温度											

② 学生组进行监控时

● 可浏览一览画面：

页　码	页　标　题	内　　容
1	数据一览	所有参数

● 可浏览流程图画面：

页　码	页　标　题	内　　容
1	CS2000 流程图	绘制如图 7-12 所示的流程图

【任务十二】 HOLLiAS-MACSV 系统的认识及操作

1. 系统简介

A3000 实训装置是集智能仪表技术、故障排除、自动控制技术为一体的普及型多功能化工仪表维修工竞技的模拟实训装置。该实训装置采用控制对象与控制台独立设计，控制系统采用了常规的智能仪表控制。现要求控制系统采用 DCS 控制，替代原先的智能仪表控制。

A3000 过程控制项目对象系统包含有：测试对象单元、供电系统、传感器、执行器（包括变频器及移相调压器）等。

A3000 三位槽控制对象工艺流程图如图 7-13 所示。

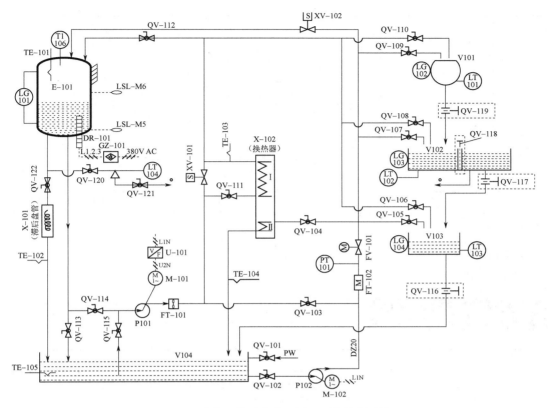

图 7-13 系统工艺示意流程图（不含控制系统）

总体的测点清单如表 7-1 所示。

表 7-1 整体流程测点清单

序　号	位号或代号	设备名称	用　　途	原始信号类型		工　程　量
1	TE-101	热电阻	锅炉水温	Pt100	AI	0～100℃
2	TE-102	热电阻	锅炉回水温度	Pt100	AI	0～100℃
3	TE-103	热电阻	换热器热水出口水温	Pt100	AI	0～100℃
4	TE-104	热电阻	换热器冷水出口水温	Pt100	AI	0～100℃
5	TE-105	热电阻	储水箱水温	Pt100	AI	0～100℃
6	LSL-105	液位开关	锅炉液位极低联锁	干接点	DI	NC
7	LSH-106	液位开关	锅炉液位极高联锁	干接点	DI	NC
8	XV-101	电磁阀	一支路给水切断	光电隔离	DO	NC
9	XV-102	电磁阀	二支路给水切断	光电隔离	DO	NC
10	AL-101	告警		光电隔离	DO	NC
11	FT-101	涡轮流量计	一支路给水流量	4～20mADC	AI	0～3m³/h
12	FT-102	电磁流量计	二支路给水流量	4～20mADC	AI	0～3m³/h
13	PT-101	压力变送器	给水压力	4～20mADC	AI	150kPa

续表

序　号	位号或代号	设备名称	用　途	原始信号类型		工　程　量
14	LT-101	液位变送器	上水箱液位	4～20mADC	AI	2.5kPa
15	LT-102	液位变送器	中水箱液位	4～20mADC	AI	2.5kPa
16	LT-103	液位变送器	下水箱液位	4～20mADC	AI	2.5kPa
17	LT-104	液位变送器	锅炉/中水箱右液位	4～20mADC	AI	0～5kPa
18	FV-101	电动调节阀	阀位控制	4～20mADC	AO	0～100%
19	GZ-101	调压模块	锅炉水温控制	4～20mADC	AO	0～100%
20	U-101	变频器	频率控制	4～20mADC	AO	0～100%

注：所列信号类型为原始信号，在控制柜中 Pt100 经过变送器转换成了 4～20mA。一般两线制信号在 IO 面板上已经连接了 24V 和 GND，可以按照四线制方式使用。执行机构一般为 2～10V 控制，控制信号经过 500Ω采样电阻，被转换成 4～20mA 控制。

2. 组态要求

组态要求同活动一。

【考核内容与配分】

单　　元	考核内容	考核权重
【课题一】 集散控制系统的基本知识	集散控制系统的基本组成，结构与功能，通信网络，软件体系	40%
【课题二】 常见集散控制系统	中控 JX-300XP 系统 HOLLiAS-MACSV 系统	60%

【思考题与习题】

7-1. 简述 JX-300XP DCS 系统的的硬件组成及其作用。

7-2. 简述 JX-300XP DCS 系统组态软件包各软件的功能。

7-3. 简述 JX-300XP DCS 系统通信网络的构成及各部分的基本特性。

7-4. JX-300XP DCS 控制站由哪几部分构成？控制站的类型有哪些？其中的核心部件叫什么？它的主要功能是什么？

7-5. JX-300XP DCS 控制站 I/O 卡件有哪些类型？

7-6. 什么叫组态？常用的组态软件有哪些？JX-300XP DCS 的基本组态软件是什么？

7-7. 流程图绘制为什么要设置动态参数？如何设置动态参数？

7-8. 请画出 HOLLiAS-MACSV 系统硬件体系结构图（请注明系统所包含的硬件设备及网络）。

7-9. 简述 HOLLiAS-MACSV 系统各站的功能。

7-10. 列出 HOLLiAS-MACSV 系统软件体系结构。

7-11. MACSV 系统的软件主要包括哪几个部分？

7-12. MACSV 系统组态软件的步骤？

附　　录

常用热电偶、热电阻分度表

附表 1　镍铬-镍硅热电偶分度表

分度号：K（参考端温度为 0℃）

温度/℃	0	−10	−20	−30	−40	−50	−60	−70	−80	−90
	热电动势/mV									
−200	−5.891	−6.035	−6.158	−6.262	−6.344	−6.404	−6.441	−6.458		
−100	−3.554	−3.852	−4.138	−4.411	−4.669	−4.913	−5.141	−5.354	−5.550	−5.730
0	0.000	−0.392	−0.778	−1.156	−1.527	−1.889	−2.243	−2.587	−2.920	−3.243

温度/℃	0	10	20	30	40	50	60	70	80	90
	热电动势/mV									
0	0.000	0.397	0.798	1.203	1.611	2.022	2.436	2.850	3.266	3.681
100	4.095	4.508	4.919	5.327	5.733	6.137	6.539	6.939	7.338	7.737
200	8.137	8.537	8.938	9.341	9.745	10.151	10.560	10.969	11.381	11.793
300	12.207	12.623	13.039	13.456	13.874	14.292	14.712	15.132	15.552	15.974
400	16.395	16.818	17.241	17.664	18.088	18.513	18.938	19.363	19.788	20.214
500	20.640	21.066	21.493	21.919	22.346	22.772	23.198	23.624	24.050	24.476
600	24.902	25.327	25.751	26.176	26.599	27.022	27.445	27.867	28.288	28.709
700	29.128	29.547	29.965	30.383	30.799	31.214	31.628	32.042	32.455	32.866
800	33.277	33.686	34.095	34.502	34.909	35.314	35.718	36.121	36.524	36.925
900	37.325	37.724	38.122	38.519	38.915	39.310	39.703	40.096	40.488	40.879
1000	41.269	41.657	42.045	42.432	42.817	43.202	43.585	43.968	44.349	44.729
1100	45.108	45.486	45.863	46.238	46.612	46.985	47.356	47.726	48.095	48.462
1200	48.828	49.192	49.555	49.916	50.276	50.633	50.990	51.344	51.697	52.049
1300	52.398	52.747	53.093	53.439	53.782	54.125	54.466	54.807	—	—

附表 2　铂铑 10-铂热电偶分度表

分度号：S（参考端温度为 0℃）

温度/℃	0	−10	−20	−30	−40	−50				
	热电动势/mV									
	−0.000	−0.053	−0.103	−0.150	−0.194	−0.236				

温度/℃	0	10	20	30	40	50	60	70	80	90
	热电动势/mV									
0	0.000	0.055	0.113	0.173	0.235	0.299	0.365	0.432	0.502	0.573
100	0.645	0.719	0.795	0.872	0.950	1.029	1.109	1.190	1.273	1.356

续表

温度/℃	0	10	20	30	40	50	60	70	80	90
	热电动势/mV									
200	1.440	1.525	1.611	1.698	1.785	1.873	1.962	2.051	2.141	2.232
300	2.323	2.414	2.506	2.599	2.692	2.786	2.880	2.974	3.069	3.164
400	3.260	3.356	3.452	3.549	3.645	3.743	3.840	3.938	4.036	4.135
500	4.234	4.333	4.432	4.532	4.632	4.732	4.832	4.933	5.034	5.136
600	5.237	5.339	5.442	5.544	5.648	5.751	5.855	5.960	6.065	6.169
700	6.274	6.380	6.486	6.592	6.699	6.805	6.913	7.020	7.128	7.236
800	7.345	7.454	7.563	7.672	7.782	7.892	8.003	8.114	8.255	8.336
900	8.448	8.560	8.673	8.786	8.899	9.012	9.126	9.240	9.355	9.470
1000	9.585	9.700	9.816	9.932	10.048	10.165	10.282	10.400	10.517	10.635
1100	10.754	10.872	10.991	11.110	11.229	11.348	11.467	11.587	11.707	11.827
1200	11.947	12.067	12.188	12.308	12.429	12.550	12.671	12.792	12.912	13.034
1300	13.155	13.276	13.397	13.519	13.640	13.761	13.883	14.004	14.125	14.247
1400	14.368	14.489	14.610	14.731	14.852	14.973	15.094	15.215	15.336	15.456
1500	15.576	15.697	15.817	15.937	16.057	16.176	16.296	16.415	16.534	16.653
1600	16.771	16.890	17.008	17.125	17.243	17.360	17.477	17.594	17.711	17.826
1700	17.942	18.056	18.170	18.282	18.394	18.504	18.612	—	—	—

附表 3　铂铑 30-铂铑 6 热电偶分度表

分度号：B（参考端温度为 0℃）

温度/℃	0	10	20	30	40	50	60	70	80	90
	热电动势/mV									
0	−0.000	−0.002	−0.003	0.002	0.000	0.002	0.006	0.11	0.017	0.025
100	0.033	0.043	0.053	0.065	0.078	0.092	0.107	0.123	0.140	0.159
200	0.178	0.199	0.220	0.243	0.266	0.291	0.317	0.344	0.372	0.401
300	0.431	0.462	0.494	0.527	0.516	0.596	0.632	0.669	0.707	0.746
400	0.786	0.827	0.870	0.913	0.957	1.002	1.048	1.095	1.143	1.192
500	1.241	1.292	1.344	1.397	1.450	1.505	1.560	1.617	1.674	1.732
600	1.791	1.851	1.912	1.974	2.036	2.100	2.164	2.230	2.296	2.363
700	2.430	2.499	2.569	2.639	2.710	2.782	2.855	2.928	3.003	3.078
800	3.154	3.231	3.308	3.387	3.466	3.546	3.626	3.708	3.790	3.873
900	3.957	4.041	4.126	4.212	4.298	4.386	4.474	4.562	4.652	4.742
1000	4.833	4.924	5.016	5.109	5.202	5.2997	5.391	5.487	5.583	5.680
1100	5.777	5.875	5.973	6.073	6.172	6.273	6.374	6.475	6.577	6.680
1200	6.783	6.887	6.991	7.096	7.202	7.308	7.414	7.521	7.628	7.736
1300	7.845	7.953	8.063	8.172	8.283	8.393	8.504	8.616	8.727	8.839

续表

温度/℃	0	10	20	30	40	50	60	70	80	90
	热电动势/mV									
1400	8.952	9.065	9.178	9.291	9.405	9.519	9.634	9.748	9.863	9.979
1500	10.094	10.210	10.325	10.441	10.588	10.674	10.790	10.907	11.024	11.141
1600	11.257	11.374	11.491	11.608	11.725	11.842	11.959	12.076	12.193	12.310
1700	12.426	12.543	12.659	12.776	12.892	13.008	13.124	13.239	13.354	13.470
1800	13.585	13.699	13.814	—	—	—	—	—	—	—

附表 4　镍铬-铜镍（康铜）热电偶分度表

分度号：E（参考端温度为 0℃）

温度/℃	0	10	20	30	40	50	60	70	80	90
	热电动势/mV									
0	0.000	0.591	1.192	1.801	2.419	3.047	3.683	4.329	4.983	5.646
100	6.317	6.996	7.683	8.377	9.078	9.787	10.501	11.222	11.949	12.681
200	13.419	14.161	14.909	15.661	16.417	17.178	17.942	18.710	19.481	20.256
300	21.033	21.814	22.597	23.383	24.171	24.961	25.754	26.549	27.345	28.143
400	28.943	29.744	30.546	31.350	32.155	32.960	33.767	34.574	35.382	36.190
500	36.999	37.808	38.617	39.426	40.236	41.045	41.853	42.662	43.470	44.278
600	45.085	45.891	46.697	47.502	48.306	49.109	49.911	50.713	51.513	52.312
700	53.110	53.907	54.703	55.498	56.291	57.083	57.873	58.663	59.451	60.237
800	61.022	61.806	62.588	63.368	64.147	64.924	65.700	66.473	67.245	68.015
900	68.783	69.549	70.313	71.075	71.835	72.593	73.350	74.104	74.857	75.608
1000	76.358	—	—	—	—	—	—	—	—	—

附表 5　铜-铜镍（康铜）热电偶分度表

分度号：T（参考端温度为 0℃）

温度/℃	0	10	20	30	40	50	60	70	80	90
	热电动势/mV									
−200	−5.603	−5.439	−5.261	−5.07	−4.865	−4.648	−4.419	−4.117	−3.923	−3.650
−100	−3.379	−3.089	−2.788	−2.476	−2.153	−1.819	−1.475	−1.121	−0.757	−0.383
0	0	0.391	0.79	1.196	1.612	2.036	2.468	2.909	3.358	3.814
100	4.279	4.75	5.228	5.714	6.206	6.704	7.209	7.72	8.237	8.759
200	9.288	9.822	10.362	10.907	11.458	12.013	12.574	13.139	13.709	14.283
300	14.826	15.445	16.032	16.624	17.219	17.819	18.422	19.03	19.641	20.255
400	20.872	—	—							

附表 6　铁-铜镍（康铜）热电偶分度表

分度号：J（参考端温度为 0℃）

温度/℃	0	10	20	30	40	50	60	70	80	90
	热电动势/mV									
0	0	0.397	0.798	1.203	1.611	2.022	2.436	2.851	3.266	3.681
100	4.059	4.508	4.919	5.327	5.733	6.137	6.539	6.939	7.388	7.737
200	8.137	8.537	8.938	9.341	9.745	10.151	10.56	10.969	11.381	11.739
300	12.207	12.623	13.039	13.456	13.874	14.292	14.712	15.132	15.552	15.974
400	16.395	16.828	17.241	17.664	18.088	18.513	18.938	19.363	19.788	20.244
500	20.640	21.066	21.493	21.919	22.346	22.772	23.198	23.624	24.050	24.476
600	24.902	25.327	25.751	26.176	26.599	27.022	27.445	27.867	28.288	28.709
700	29.128	29.547	29.965	30.383	30.799	31.214	31.629	32.042	32.455	32.866
800	33.277	33.686	34.095	34.502	34.909	35.314	35.718	36.121	36.524	36.925

附表 7　工业用铂热电阻分度表

分度号：Pt100　　　$R_0 = 100\Omega$　　　$a = 0.003850$

温度/℃	0	10	20	30	40	50	60	70	80	90
	电阻值/Ω									
−200	18.49	—	—	—	—	—	—	—	—	—
−100	60.25	56.19	52.11	48.00	43.87	39.71	35.53	31.32	27.08	22.80
−0	100.00	96.09	92.16	88.22	84.27	80.31	76.33	72.33	68.33	64.30
0	100.00	103.90	107.79	111.67	115.54	119.40	123.24	127.07	130.89	134.70
100	138.50	142.29	146.06	149.82	153.58	157.31	161.04	164.76	168.46	172.16
200	157.84	179.51	183.17	186.82	190.45	194.07	197.69	201.29	204.88	208.45
300	212.02	215.57	219.12	222.65	226.17	229.67	233.17	236.65	240.13	243.59
400	247.04	250.48	253.90	257.32	260.72	264.11	267.49	270.86	274.22	277.56
500	280.90	284.22	287.53	290.83	294.11	297.39	300.65	303.91	307.15	310.38
600	313.59	316.8	319.99	323.18	326.35	329.51	332.66	355.79	338.92	342.03
700	345.13	348.22	351.30	354.37	357.42	360.47	363.50	366.52	369.53	372.52
800	375.51	378.48	381.45	384.40	387.34	390.26	—	—	—	—

附表 8　工业用铜热电阻分度表

分度号：Cu50　　　$R_0 = 50\Omega$　　　$a = 0.004280$

温度/℃	0	10	20	30	40	50	60	70	80	90
	电阻值/Ω									
−0	50.00	47.85	45.70	43.55	41.40	39.24	—	—	—	—
0	50.00	52.14	54.28	56.42	58.56	60.70	62.84	64.98	67.12	69.26
100	71.40	73.54	75.68	77.83	79.98	82.13	—	—	—	—

分度号：Cu100　　　　$R_0=50\Omega$　　　$a=0.004280$

温度/℃	0	10	20	30	40	50	60	70	80	90
	电阻值/Ω									
－0	100.00	95.70	91.40	87.10	82.80	78.49	—	—	—	—
0	100.00	104.28	108.56	112.84	117.12	121.40	125.68	129.96	134.24	138.52
100	142.80	147.08	151.36	155.66	159.96	164.27	—	—	—	—

附录二　仪表校验记录单

1. 压力表校验记录单

压力表名称：＿＿＿＿＿　　　出厂编号：＿＿＿＿＿　　　量程：＿＿＿＿＿

制造单位：＿＿＿＿＿　　　检定温度：＿＿＿＿＿　　　精度：＿＿＿＿＿

标称压力值	轻敲后被检仪表示值		轻敲后被检仪表指针位移		升压和标称示值之差	降压和标称示值之差	升压和降压示值之差	备注
	升压	降压	升压	降压				

校验结果：

1. 升压和标称示值之最大差＝　　　　允许值＝
2. 降压和标称示值之最大差＝　　　　允许值＝
3. 升压和降压示值之最大差＝　　　　允许值＝
4. 轻敲表壳面指针的最大位移＝　　　允许值＝
5. 结论：

　　　　　　　　　　　检定员：＿＿＿＿＿

　　　　　　　　　　　检定日期：＿＿＿＿＿

2. 智能压力变送器校验记录单

压力表名称：＿＿＿＿＿　　　出厂编号：＿＿＿＿＿　　　量程：＿＿＿＿＿

制造单位：＿＿＿＿＿　　　检定温度：＿＿＿＿＿　　　精度：＿＿＿＿＿

输入信号		输出理想值/mA	输出实测值/mA		误差/mA		变差/mA
%	kPa		正行程	反行程	正行程	反行程	
0							
25							
50							

续表

输入信号		输出理想值 /mA	输出实测值/mA		误差/mA		变差 /mA
%	kPa		正行程	反行程	正行程	反行程	
75							
100							

校验结果：
　1. 最大基本误差＝　　　　　允许值＝
　2. 最大变差＝　　　　　　　允许值＝
　3. 结论：

　　　　　　　　　　　检定员：＿＿＿＿＿＿
　　　　　　　　　　　检定日期：＿＿＿＿＿＿

3. 数字显示仪表校验记录单

　型号规格：＿＿＿＿＿＿＿　　　　　量程：＿＿＿＿＿＿
　输入信号：＿＿＿＿＿＿＿　　　　　精度：＿＿＿＿＿＿

标称输入值	标称显示值	仪表示值		正行程 误差	正行程 误差	变差	备注
		正行程	反行程				

校验结果：
　1. 最大基本误差＝　　　　　允许值＝
　2. 最大变差＝　　　　　　　允许值＝
　3. 结论：

　　　　　　　　　　　检定员：＿＿＿＿＿＿
　　　　　　　　　　　检定日期：＿＿＿＿＿＿

参 考 文 献

[1] 汤光华 . 电工电子技术 . 北京：电子工业出版社，2012.

[2] 王少华 . 电工电子技术基础 . 长沙：中南大学出版社，2007.

[3] 程周 . 电工与电子技术 . 北京：高等教育出版社，2002.

[4] 劳动和社会保障部教材办公室组织编写 . 电工仪表与测量 . 北京：中国劳动社会保障出版社，2001.

[5] 王克华 . 过程检测仪表 . 北京：电子工业出版社，2007.

[6] 王永红，刘玉梅 . 自动检测仪表与控制装置 . 北京：化学工业出版社，2006.

[7] 林金泉 . 自动检测技术 . 北京：化学工业出版社，2008.

[8] 陆建国 . 工业电器与自动化 . 北京：化学工业出版社，2005.

[9] 邵展图 . 电工基础 . 北京：中国劳动社会保障出版社，2008.

[10] 王银锁 . 过程控制系统 . 北京：石油工业出版社出版，2009.

[11] 励玉鸣 . 化工仪表及自动化 . 北京：化学工业出版社，2005.

[12] 任丽静，周哲民 . 集散控制系统组态调试与维护 . 北京：化学工业出版社，2010.